SWARAJ CHAKRABORTY
ANINDITA SAHA
ANKUR GUPTA

Necessidades De Informação Dos Produtores De Arroz No Distrito De Bankura Em Bengala Ocidental

SWARAJ CHAKRABORTY
ANINDITA SAHA
ANKUR GUPTA

Necessidades De Informação Dos Produtores De Arroz No Distrito De Bankura Em Bengala Ocidental

Necessidades de informação dos produtores de arroz em Bengala Ocidental

ScienciaScripts

Imprint
Any brand names and product names mentioned in this book are subject to trademark, brand or patent protection and are trademarks or registered trademarks of their respective holders. The use of brand names, product names, common names, trade names, product descriptions etc. even without a particular marking in this work is in no way to be construed to mean that such names may be regarded as unrestricted in respect of trademark and brand protection legislation and could thus be used by anyone.

Cover image: www.ingimage.com

This book is a translation from the original published under ISBN 978-620-7-80914-1.

Publisher:
Sciencia Scripts
is a trademark of
Dodo Books Indian Ocean Ltd. and OmniScriptum S.R.L publishing group

120 High Road, East Finchley, London, N2 9ED, United Kingdom
Str. Armeneasca 28/1, office 1, Chisinau MD-2012, Republic of Moldova, Europe
Printed at: see last page
ISBN: 978-620-7-87150-6

ÍNDICE

CAPÍTULO 1 2

CAPÍTULO 2 7

CAPÍTULO 3 15

CAPÍTULO-4 34

CAPÍTULO 5 53

CAPÍTULO-6 59

APÊNDICES 63

CAPÍTULO-1
INTRODUÇÃO

"A informação é a semente de uma ideia, e só cresce quando é regada."

Heinz V. Bergen

A civilização começou com a agricultura. Quando os nossos antepassados nómadas começaram a estabelecer-se e a cultivar os seus próprios alimentos, a sociedade humana mudou para sempre. Não só as aldeias, vilas e cidades começaram a florescer, como também o conhecimento, as artes e as ciências tecnológicas. E, durante a maior parte da história, a ligação da sociedade à terra era íntima. As comunidades humanas, por mais sofisticadas que fossem, não podiam ignorar a importância da agricultura. Estar longe de fontes fiáveis de alimentos era correr o risco de sofrer de subnutrição e fome. Nos tempos modernos, porém, muitos no mundo urbano esqueceram esta ligação fundamental. Isolados pela aparente abundância de alimentos resultante das novas tecnologias de cultivo, transporte e armazenamento de alimentos, a dependência fundamental da humanidade em relação à agricultura é muitas vezes esquecida. O arroz (Oryza Sativa L.) pertence à família Poaceae e tem sido a espinha dorsal da economia agrícola da Índia desde tempos imemoriais. Sendo um cereal, é a cultura de base mais consumida por uma grande parte da população mundial, especialmente na Índia e em Bengala Ocidental. Uma vez que uma grande parte das culturas de milho é cultivada para outros fins que não o consumo humano, o arroz é o cereal mais importante no que respeita à nutrição humana e à ingestão de calorias, fornecendo mais de um quinto das calorias consumidas pelos seres humanos a nível mundial. É cultivado principalmente por pequenos agricultores em explorações agrícolas com menos de um hectare. O arroz é também um produto de base salarial para os trabalhadores envolvidos na produção de culturas de rendimento ou em sectores não agrícolas. O arroz paddy fornece uma nutrição vital para grande parte da população de Bengala Ocidental, bem como de Odisha, Chhattisgarh, Tripura, Assam, etc. É o elemento central da segurança alimentar de mais de metade da população mundial. Os países em desenvolvimento são responsáveis por 95% da produção total, sendo a China e a Índia responsáveis por quase metade da produção mundial. A produção mundial de arroz paddy tem vindo a aumentar de forma constante, passando de cerca de 200 milhões de toneladas de arroz paddy em 1960 para mais de 678 milhões de toneladas em 2009. Os três países que registaram a maior produtividade de arroz paddy em 2009 foram a China (197 milhões de toneladas), a Índia (131 milhões de toneladas) e a Indonésia (64 milhões de toneladas). Entre os seis maiores produtores de arroz, as explorações agrícolas mais produtivas de arroz em 2009 foram as da China (6,59 toneladas/hectare). Muitos países produtores de arroz em grão registaram perdas significativas após a colheita nas explorações agrícolas devido a deficiências de comunicação, instalações de armazenamento inadequadas, uma cadeia de abastecimento ineficaz e a incapacidade dos agricultores de levar os produtos para os mercados retalhistas, dominados por pequenos comerciantes. Em termos de produção, a Bengala Ocidental ocupa o primeiro lugar no cultivo de arroz. Bankura é um dos principais distritos produtores de arroz do Estado em 2007-08, com uma produção de 1173,6 mil toneladas nesse ano. No mundo da globalização, a informação é o oxigénio da era

2

moderna. Infiltra-se através dos muros cobertos por arame farpado e atravessa as fronteiras electrificadas. A era atual foi justamente designada como a Era da Informação. A informação tornou-se o elemento mais importante para o progresso da sociedade. Segundo Kemp, "a informação foi descrita como a quinta necessidade do homem, a seguir ao ar, à água, à comida e ao abrigo". Toda a gente precisa de informação sobre tudo, mesmo na sua vida quotidiana. No sector agrícola, a informação pertinente e oportuna ajuda a comunidade de agricultores a tomar decisões correctas para o crescimento sustentado da atividade agrícola. A utilização da informação no sector agrícola está a aumentar a produtividade agrícola de várias formas. Fornecer informações sobre as tendências meteorológicas, as melhores práticas agrícolas, o acesso atempado a informações sobre o mercado ajuda os agricultores a tomar decisões correctas sobre as culturas a plantar e onde vender os seus produtos e comprar factores de produção. O ponto em que os profissionais e os líderes leigos devem lidar de forma mais proeminente com a identificação e avaliação das necessidades é a fase de programação; as necessidades devem ser sempre reconhecidas e tratadas de alguma forma e em algum grau. As necessidades dos agricultores devem ser a base para a criação de um serviço de extensão adequado, independentemente do facto de o serviço ser organizado pelo Estado ou ter outro tipo de organização (financiamento e prestação). Deve-se também notar que os serviços de extensão nos países desenvolvidos passaram por um processo de evolução do modelo de transferência de tecnologia para um serviço baseado predominantemente nas necessidades dos agricultores. Os agricultores necessitam de uma gama diversificada de informações para apoiar as suas empresas agrícolas. É necessária informação não só sobre as melhores práticas e tecnologias para a produção agrícola, que o sistema tradicional de extensão do sector público forneceu durante a Revolução Verde, mas também informação sobre aspectos pós-colheita, incluindo a transformação, comercialização, armazenamento e manuseamento. Os serviços de informação foram considerados importantes na cultura do arroz, o que constitui um dos factores mais importantes para aumentar a produtividade dos produtores de arroz. Verificou-se que os serviços de informação nos países desenvolvidos passaram por um processo de evolução do modelo de transferência de tecnologia para o serviço baseado predominantemente nas necessidades dos agricultores. Essencialmente, os serviços de informação actuam como uma ponte entre os cientistas, que se esforçam por resolver problemas na prática da agricultura através da investigação, e os agricultores que precisam das soluções. Os serviços de informação permitem aos agricultores adotar inovações, melhorar a produção e proteger o ambiente. A informação tem efeitos positivos nos conhecimentos, na adoção e na produtividade das culturas, com taxas de retorno muito elevadas (13-50%); é uma forma rentável de melhorar a produtividade e o rendimento dos agricultores.

1.1 Declaração do problema de investigação

No sector agrícola, o papel da informação na promoção do desenvolvimento agrícola não pode ser subestimado. Bachhav (2012) afirmou que a utilização da informação no sector agrícola está a aumentar a produtividade agrícola de várias formas. O fornecimento de informações sobre as tendências meteorológicas, as melhores práticas agrícolas e o acesso atempado a informações sobre o mercado ajudam os agricultores a tomar decisões correctas sobre as culturas a plantar e onde vender os seus produtos e comprar factores de produção. Os serviços de informação permitem aos agricultores adotar inovações, melhorar a produção e proteger o ambiente. A informação tem efeitos positivos no conhecimento, na adoção e na produtividade das culturas, com taxas muito elevadas de retorno da informação; é uma forma rentável de melhorar a produtividade e o rendimento dos agricultores. Para o estabelecimento de qualquer serviço de informação adequado, independentemente do facto de o serviço ser organizado pelo Estado ou ter outro tipo de organização (financiamento e distribuição), as necessidades dos agricultores são a base. Deve também notar-se que os serviços de informação nos países desenvolvidos passaram por um processo de evolução do modelo de transferência de tecnologia para o serviço baseado predominantemente nas necessidades dos agricultores.

A informação desempenha um papel importante no domínio do desenvolvimento agrícola, informando os agricultores sobre as novas técnicas agrícolas. Ajudam a reduzir a distância entre os resultados da investigação e a sua aplicação pelos agricultores. Chegou-se a uma fase em que não se pode aplicar hoje o método de ontem e estar em atividade amanhã. A agricultura alcançou um estatuto de empresa comercial. Por conseguinte, os agricultores necessitam das informações mais recentes sobre as investigações actuais, as últimas variedades desenvolvidas, os métodos de aplicação de fertilizantes, os métodos de tratamento e inoculação de sementes, as novas técnicas de irrigação, as técnicas de proteção das plantas, o novo conceito de IPM e INM e as novas técnicas de proteção das plantas, etc.

O aumento da produtividade é o veículo para o desenvolvimento do sector do arroz. A produção de arroz pode ser aumentada quer através do aumento da área cultivada de arroz, quer através do aumento da produtividade do cultivo atual. Dada a pressão sobre as terras agrícolas e a concorrência de outras culturas mais lucrativas, pode ser difícil aumentar significativamente a área cultivada com arroz. A única solução consiste, portanto, em aumentar a produtividade da área atualmente cultivada. A aquisição de informação sempre foi considerada como um fator que desempenha um papel importante na formação do comportamento humano, levando à decisão de adotar uma inovação. A difusão maciça de informação pode desempenhar um papel importante no aumento da adoção de tecnologia. A preparação de um bom conteúdo de informação sobre a cultura do arroz é possível com base nas necessidades reais de informação dos agricultores. O conteúdo baseado nas necessidades reais dos utilizadores criará interesse entre eles para que o apliquem na prática (Mehta, 2003). Com vista a apoiar um grupo maior de produtores de arroz com informação agrícola no futuro, o presente estudo foi realizado com o objetivo específico de determinar as necessidades de informação dos produtores de arroz. Por conseguinte, é muito necessário compreender e obter uma melhor compreensão das necessidades dos agricultores em termos de serviços de informação sobre a cultura do arroz, o que será útil para os produtores de arroz, os extensionistas, os cientistas, os administradores e os planeadores. Tendo isto em conta, o presente estudo foi realizado com o seguinte conjunto de objectivos

Objectivos

1. Estudar o perfil socioeconómico dos produtores de arroz na área de estudo.
2. Determinar a fonte de informação utilizada pelo inquirido.
3. Aceder às necessidades de informação dos inquiridos na área de estudo.
4. Analisar os vários constrangimentos enfrentados pelos produtores de arroz na zona de estudo.

1.2 Âmbito e importância do estudo

O presente estudo é essencial em vários aspectos para o desenvolvimento da floricultura e da horticultura. Foi feita uma tentativa de enumerar a sua importância do seguinte modo

1. Espera-se que o estudo forneça o perfil dos produtores de arroz.
2. Espera-se que o estudo identifique as necessidades de informação dos produtores de arroz na área selecionada.
3. O estudo fornece uma visão completa dos constrangimentos associados aos serviços de extensão.

1.3 Limitações do estudo

Estão documentadas as seguintes limitações associadas ao estudo.

1. Foram tomadas todas as precauções possíveis para tornar o estudo preciso, objetivo e fiável, mas devido a limitações de tempo e de recursos.

2. À disposição do investigador, o estudo restringiu-se ao bloco de Chhatna do distrito de Bankura. Assim, a generalização pode restringir-se às áreas sob investigação em particular ou a outras áreas que sejam semelhantes em geral.

3. A parcialidade e os preconceitos individuais por parte dos inquiridos podem ter influenciado os resultados, porque toda a investigação se baseou na perceção individual e na opinião expressa dos inquiridos em estudo.

4. O estudo foi efectuado com escalas, que têm as suas próprias limitações.

5. Tal como as medidas perceptivas, a desejabilidade social pode ter afetado a resposta do inquirido. Por conseguinte, os resultados deste estudo devem ser utilizados com precaução.
6. O estudo restringiu-se a algumas variáveis devido à limitação de tempo e de recursos.
7. As conclusões baseiam-se nos dados fornecidos pelos agricultores, pelo que a validade e a fiabilidade dependem da honestidade com que forneceram as informações.

1.4. ORGANIZAÇÃO DA TESE:

A descrição da presente investigação foi apresentada em cinco capítulos. O presente capítulo trata da declaração dos problemas, dos objectivos, do âmbito, da importância e das limitações do estudo.

O segundo capítulo diz respeito à apresentação sistemática das revisões da literatura, ou seja, os destaques da investigação anterior relacionados com o presente inquérito.

O terceiro capítulo trata dos aspectos metodológicos do estudo. O capítulo inclui o local de estudo, onde o estudo foi efectuado no bloco de Chhatna do distrito de Bankura, em Bengala Ocidental, a técnica de amostragem, o calendário utilizado no estudo, a técnica de recolha de dados, o inquérito-piloto e os métodos estatísticos utilizados para a análise dos dados.

O quarto capítulo representa a apresentação sistemática dos resultados do presente estudo.

O quinto capítulo trata do resumo e das conclusões e das implicações do estudo. Este capítulo identificou também algumas áreas de estudo futuras para investigação suplementar.

Uma bibliografia das referências citadas e um apêndice que inclui o programa de entrevistas que faz parte da tese.

CAPÍTULO 2
REVISÃO DA LITERATURA

A revisão da literatura relevante é um pré-requisito essencial de qualquer investigação científica. Neste capítulo, foi feita uma tentativa sistemática de apresentar uma revisão exaustiva dos estudos relacionados com a presente investigação. O principal objetivo deste capítulo, para além de determinar o trabalho anterior e delinear a área problemática, é fornecer uma visão da definição, do conceito principal e da base para a interpretação dos resultados. Neste capítulo, também se tentou reunir algumas conclusões silenciosas de alguns estudos empíricos como referência inicial para as diferentes fases do presente inquérito. A literatura foi revista e apresentada de acordo com os objectivos do estudo, que se resumem nos seguintes pontos

▶ Perfil socioeconómico do inquirido

▶ Fontes de informação utilizadas pelos inquiridos

▶ Necessidades de informação dos inquiridos

▶ Vários constrangimentos enfrentados pelos produtores de arroz

2.1. PERFIL GERAL DOS INQUIRIDOS:

2.1.1. Idade

Pandey e Teikha (1990) observaram que a maioria dos agricultores rurais pertence a um grupo de meia-idade. Sharma (1992) revelou que 35,5% dos produtores de leite pertenciam a uma faixa etária mais jovem (18-33 anos), 51,5% a uma faixa etária média (34-39 anos) e 12,9% a uma faixa etária mais velha (50 anos ou mais). Sarkar (1995), no seu estudo, observou uma relação negativa insignificante entre a idade dos pequenos agricultores e a utilização que fazem dos meios de comunicação para receberem informações agrícolas. Deshpande (1996) observou que a maioria dos inquiridos, ou seja, 57,89%, pertencia a uma faixa etária jovem (até 33 anos), seguida de uma faixa etária média (36 - 45 anos), 25,26% e 16,84% de uma faixa etária mais velha, respetivamente. A maioria dos inquiridos, ou seja, mais de 60%, pertencia ao grupo etário jovem e médio. Angadi (1999) efectuou um estudo no distrito de Bagalkot, no Estado de Karnataka, e referiu que a maioria (65%) dos produtores de pomogranate era de meia-idade. Os inquiridos com menos de 35 anos de idade eram 18,75 por cento, enquanto 16,25 por cento eram idosos Patel (2007) observou que mais de metade (56,66 por cento) dos produtores de banana pertenciam ao grupo de meia-idade, seguidos de 32,34 e 11,00 por cento que pertenciam ao grupo de idosos e jovens, respetivamente.O estudo de Krishnamurthy et al. (2008) revelou que a maioria dos inquiridos era de meia-idade (41 a 50 anos), alfabetizada (8 a 10 anos), com famílias de pequena dimensão (um a seis membros) e com explorações agrícolas de grande dimensão (mais de cinco acres), possuindo arado de madeira e semeador e instalações de irrigação próprias. Badhe (2009) concluiu que a maioria dos produtores de brinjal (61,66 por cento) se encontrava na faixa etária média, seguida de 21,68 por cento na faixa etária idosa e os restantes 16,66 por cento dos produtores de brinjal na faixa etária jovem. Shitre (2010) concluiu que mais de metade (55,83 por cento) dos produtores de batata se encontrava na faixa etária média, seguida da faixa etária jovem (25,83 por c e n t o) e da faixa etária idosa (18,34 por cento), respetivamente. Parmar (2014) concluiu que mais de metade (56,67 por cento) dos inquiridos se encontrava na f a i x a etária intermédia, seguida da faixa e t á r i a idosa (33,33 por cento) e da faixa etária jovem (10,00 por cento), respetivamente.

2.1.2. Educação

O estudo de Roy (1981) concluiu que a educação contribuía para uma relação positiva na receção de informação sobre a utilização de doses equilibradas de fertilizantes pelos pequenos agricultores.

Leckie (1993) constatou que a maioria dos participantes (90%) não tinha educação agrícola formal.

As conclusões de Deshpande (1996) revelaram que a maior parte dos produtores de leite (43,15%) eram analfabetos, seguidos de 30,52% que tinham instrução até ao ensino primário.

As conclusões de Santra e Shantanu Kar (2002) revelaram que existe uma relação significativa entre a adoção de produtos hortícolas de inverno e o nível de instrução, a orientação para o planeamento, a orientação para a produção, a orientação para a concorrência, a atitude em relação ao cultivo de produtos hortícolas de inverno, a propensão para a inovação, a motivação económica e a orientação para o risco.

Rathwa (2013) concluiu que um pouco mais de um terço (35,83%) dos produtores de tomate eram analfabetos, seguidos de analfabetos (32,50%) e do nível primário de ensino (17,50%). Por outro lado, 11,67% dos produtores de tomate possuíam o nível de ensino secundário e superior e apenas 02,50% possuíam um nível de ensino superior. Parmar (2014) observou que um pouco menos de um terço dos inquiridos (30,00 por cento) tinha o nível de ensino primário, seguido de 20,84 por cento, 16,66 por cento e 11,66 por cento tinham o ensino secundário, pós-graduação e superior, secundário superior e analfabetos, respetivamente.

2.1.3. Tipo de família

O estudo de Saikia e Tripathy (1986) revelou que a maioria dos inquiridos (65,63%) tinha uma família conjunta e os restantes (34,27%) tinham um padrão de família única.

2.1.4. Tamanho da família

A família é a instituição social básica com direitos e obrigações socialmente reconhecidos. O estudo de investigação relativo ao efeito da dimensão da família na receção de informação agrícola é apresentado a seguir.

Sarker (1995) referiu uma relação negativa e insignificante entre a dimensão da família dos pequenos agricultores e a utilização que fazem dos meios de comunicação.

Deshpande (1996), a partir do estudo, observou que 40,00 por cento dos inquiridos pertenciam a famílias de grande dimensão e 60 por cento pertenciam a famílias de pequena dimensão. Choudhary et al. (2001) observaram que o tamanho da família tinha uma relação não significativa, mas positiva, com a adoção de tecnologia melhorada de produção de arroz. Krishnamurthy et al. (2008) revelaram que a maioria dos inquiridos tinha famílias pequenas (um a seis membros) com explorações agrícolas grandes (acima de cinco acres), possuindo arado de madeira e semeador e instalações de irrigação próprias. Lanjewar (2009) revelou que a maioria dos inquiridos (66,43%) tinha uma família de tamanho médio (7 a 12 membros), seguida de 22,14% com uma família de tamanho pequeno (até 6 membros). Os restantes inquiridos (11,43%) pertenciam a famílias de grande dimensão (mais de 12 membros). Baite (2010) referiu no seu estudo que 50% dos inquiridos pertenciam a uma família pequena e 50% pertenciam a uma família grande, respetivamente. Chowdhury e Ray (2010) mostraram que a maioria dos inquiridos (54,67%) tinha famílias pequenas, seguidas de famílias médias (40,00%).

2.1.5. Rendimento anual

Babanna (2001), no seu estudo sobre os produtores de arecanut do distrito de Shimoga, em Karnataka, revelou que 61,60% dos inquiridos pertenciam à categoria de rendimento médio, enquanto 23,40% e 15% pertenciam às categorias de rendimento baixo e alto, respetivamente.

Vedamurthy (2002), no seu estudo sobre a gestão de jardins de areca e o padrão de comercialização preferido pelos produtores de areca do distrito de Shimoga, em Karnataka, afirmou que 48,66% dos produtores de areca têm um rendimento anual elevado, 34,00% dos agricultores pertencem à categoria de rendimento anual médio e 17,33% dos produtores de areca pertencem à categoria abaixo do limiar de pobreza.

Mate (2005) relatou que a maioria (64,50 por cento) dos produtores de batata foram encontrados com nível médio de r e n d a anual, seguido por 20,00 por cento e 15,50 por cento com alto e baixo nível de renda anual, respetivamente.

Patel (2007) observou que menos de metade (46,00 por cento) d o s produtores de bananas pertenciam a um nível médio (1,1 a 2,0 lakh rupias) de rendimento anual, seguido de 29,67 por cento e 24,33 por cento com um nível elevado (acima de 2,1 lakh rupias) e baixo (até 1 lakh rupias) de rendimento anual, respetivamente.

Sharma (2008) concluiu que mais de um terço (41,67 por cento) dos produtores de papaia tinham um nível médio de rendimento anual, seguido de 34,14 e 24,17 por cento com um nível alto e baixo de rendimento anual, respetivamente. Shitre (2010) concluiu que mais de metade (58,34%) dos produtores de batata tinham um nível médio de rendimento anual, seguido de 28,33% e 13,33% com um nível alto e baixo de rendimento anual, respetivamente.

2.1.6. Exploração de terrenos

Sharma (1992) tinha observado no seu estudo que 50% dos produtores de leite tinham pequenas explorações (10 acres), enquanto os restantes 50% estavam distribuídos quase da mesma forma por explorações de grande e média dimensão (mais de 11 acres).

O estudo de Sarker (1995) mostrou que a dimensão da exploração dos pequenos agricultores tem uma influência significativa na sua decisão de utilizar os meios de comunicação de informação.

Karpagam (2000) realizou um estudo sobre os produtores de açafrão-da-terra nos distritos de Erode, em Tamil Nadu, e observou que a maioria dos inquiridos (40,83%) possuía uma propriedade média e 31,66% dos inquiridos possuíam uma propriedade semi-média.

Makwan (2005) observou que mais de dois quintos (44,00 por cento) dos produtores de banana tinham uma exploração fundiária de dimensão média (2,01 a 4,0 ha), seguidos de 29,33 por cento, 19,34 por cento e 7,33 por cento que tinham uma exploração fundiária de dimensão pequena (1,01 a 2,0 ha), grande (acima de 4,0 ha) e marginal (até 1,0 ha), respetivamente.

O estudo de Krishnamurthy et al. (2008) revelou que a maioria dos inquiridos tem famílias pequenas (um a seis membros) com explorações agrícolas grandes (mais de cinco acres) que possuem arado de madeira e semeador e instalações de irrigação próprias.

Rathwa (2013) indicou que mais de metade (52,50%) d o s produtores de tomate tinham uma exploração fundiária marginal, seguida de 40,00% com uma exploração fundiária pequena e 7,50% com uma exploração fundiária média. Nenhum dos inquiridos possuía uma grande propriedade fundiária.

Parmar (2014) indicou que mais de um terço (35,83%) dos inquiridos possuía uma exploração fundiária de dimensão média, enquanto 22,50% possuía uma exploração fundiária de pequena dimensão e 20,00% possuía uma exploração fundiária marginal. Apenas 21,67% dos inquiridos possuíam explorações de grande dimensão.

2.1.7 Participação social

Parmar (2006) referiu que mais de metade (55,00 por cento) dos produtores de cenoura eram membros de uma organização, enquanto 24,17, 11,66 e 09,17 por cento eram membros de mais do que uma organização, ocupavam um cargo numa organização e não estavam associados a nenhuma organização, respetivamente.

Rathwa (2013) concluiu que mais de dois quintos (45,83 por cento) dos produtores de tomate eram membros de uma organização, seguidos de nenhum membro (27,50 por cento). Por outro lado, menos de um quinto (18,33%) era membro de mais do que uma organização e apenas 08,34% dos produtores de tomate ocupavam um cargo numa organização.

2.2 FONTES DE INFORMAÇÃO UTILIZADAS PELOS INQUIRIDOS:

Patel (2007) referiu que a grande maioria (80,33 por cento) dos produtores de bananas tinha um nível médio de exposição aos meios de comunicação social, enquanto 17,00 por cento e 2,67 por cento tinham um nível elevado e baixo de exposição aos meios de comunicação social, respetivamente.

Sharma (2008) concluiu que a maioria dos produtores de papaia (63,33%) tinha uma exposição média aos meios de comunicação social, seguida de

19,17 por cento dos produtores de papaia tinham uma exposição elevada aos meios de comunicação social e 17,5 por cento tinham uma exposição baixa aos meios de comunicação social. Shitre (2010) concluiu que mais de metade (53,33%) dos produtores de batata tinham uma exposição média aos meios de comunicação social, enquanto 30,00% e 16,67% tinham uma exposição elevada e baixa aos meios de comunicação social, respetivamente. Os resultados do estudo de Lahiri e Mukhopadhyay (2012) revelaram que a maior parte da informação agrícola foi amplamente classificada na categoria 'Deliberação' e, como tal, a sazonalidade observada em termos de disseminação de informações agrícolas. Nas diferentes categorias, "Transferência de tecnologia", "Desenvolvimento rural", "Saúde e saneamento", "Juventude rural", "Mulheres agricultoras" e "História de sucesso" foram abrangidas pelo programa de rádio, ao passo que os agricultores preferiam sobretudo informações agrícolas sobre "Transferência de tecnologia", "Desenvolvimento rural", "Comercialização agrícola" e "Previsão meteorológica".Benard Ronald et al. (2014) referiram que a maioria dos agricultores necessita de informação sobre comercialização (96,3%), condições meteorológicas (95%), crédito/empréstimo agrícola (91,25), novas sementes (88,7%), método de armazenamento (85%), métodos de plantação (83,7%), controlo de doenças e pragas (80%), disponibilidade de pesticidas e sua aplicação (77,5%), seguido do controlo de ervas daninhas (68,75%). Outras áreas mencionadas pelos agricultores incluem a utilização de fertilizantes (58,75%), a irrigação (56,2%) e a preparação do terreno (27,5%). As conclusões de Benard Ronald; Frankwell Dulle e Ngalapa Honesta (2014) revelaram que as principais fontes de informação utilizadas pelos agricultores são a família ou os pais, a experiência pessoal, os vizinhos e os técnicos de extensão agrícola.

2.3 NECESSIDADE DE INFORMAÇÃO:

As necessidades de informação da comunidade de agricultores também foram analisadas por diferentes investigadores. Estes estudos mostram que as necessidades dos agricultores são diferentes consoante o estado de desenvolvimento das zonas rurais em causa. As necessidades de informação também variam de aldeia para aldeia, por exemplo

Por exemplo, os agricultores da zona de produção de trigo necessitam de informações sobre a taxa de mercado, as facilidades de transporte, etc. Foram efectuados alguns estudos.

William D. et al. (1985) sugeriram, no seu estudo, que os principais esforços devem ser direccionados para a integração dos vários programas, de modo a que os indivíduos sejam assistidos de uma forma holística. Colocar todos os recursos disponíveis ao serviço das necessidades das famílias e comunidades rurais específicas.

Pawar et al. (2001) observaram que as culturas arvenses e a gestão de viveiros eram considerados os temas de informação mais importantes, seguidos da horticultura e dos programas de desenvolvimento agrícola.

Meera et al. (2003), no âmbito do projeto Gyandoot (projeto AICT no Estado de M.P.), verificaram que a maioria dos agricultores considerava a orientação para o mercado, a facilitação do registo predial, os serviços de perguntas e respostas, a informação sobre programas de desenvolvimento rural e a previsão meteorológica como as necessidades de informação mais importantes e essenciais.

Patel (2004) observou que os inquiridos expressaram as suas necessidades de informação sobre vários aspectos da comercialização (pontuação média de 1,379), gestão da água (pontuação média de 1,224), medidas de proteção das plantas (pontuação média de 1,193), gestão de fertilizantes (pontuação média de 1,071) e variedades (pontuação média de 1,039). Makwan (2005) revelou que as necessidades de informação preferidas dos agricultores eram sobre a gestão do mercado, que foi classificada em primeiro lugar com uma pontuação média de 1,207, seguida pela cultura de tecidos (pontuação média de 1,076), proteção das plantas (pontuação média de 1,053), variedade (pontuação média de 1,048), factos de apoio (pontuação média de 0,999), tecnologia de colheita e pós-colheita (pontuação média de 0.930), Gestão de fertilizantes (0,875), Solo e preparação do solo (0,803), Intercultura (0,753), Gestão da água (0,735), Gestão de ervas daninhas (0,707), Técnicas de transplante (0,655) e Clima (0,577).

Tologbonse D, et al. (2008) efectuaram um estudo sobre as necessidades de informação da comunidade de produtores de arroz no estado do Níger e revelaram que a maioria dos agricultores (89,9%) necessita de informações sobre a produção agrícola.

Saravan R. et al (2009) efectuaram um estudo sobre o padrão de informação e as necessidades de informação dos agricultores tribais em Arunachal Pradesh, que indica que a maioria dos agricultores necessita de informação sobre vários temas, como a gestão de pragas e a gestão de doenças.

Meitei & Devi (2009) efectuaram um estudo sobre a comunidade de agricultores em Manipur (Índia) para determinar as necessidades de informação da comunidade de agricultores rurais no estado de Manipur. Este estudo mostra que a maioria dos agricultores não tinha acesso à informação para as suas actividades. Além disso, salientam que devem ser desenvolvidos sistemas de apoio à informação agrícola baseados nas TIC.Achugbue & Anie (2011) efectuaram um estudo no Estado do Delta, na Nigéria, sobre as necessidades de informação das agricultoras rurais e a importância das TIC na satisfação das necessidades de informação das agricultoras.Babu et al. (2011) realizaram um estudo sobre as necessidades de informação dos agricultores e os seus comportamentos de pesquisa em Tamil Nadu e concluíram que os principais obstáculos ao acesso à informação por parte dos agricultores são a fraca disponibilidade, a fraca fiabilidade, a falta de sensibilização dos agricultores para a s fontes de informação disponíveis e o fornecimento intempestivo de informações.

Akanda & Roknuzzaman Md (2012) realizaram um inquérito sobre a literacia em informação agrícola de 160 agricultores na região norte do Bangladesh. O inquérito mostra que os agricultores precisam de informação para vários fins das actividades agrícolas e utilizam diferentes fontes e meios de comunicação para aceder a essa informação.

Patil Nanagouda e A.H. Rajasab (2012) descobriram que os agricultores que cultivam cebola precisam de sensibilização, programas de formação e participação ativa do departamento de horticultura.

J. M. Menong et al. (2013) examinaram as necessidades de extensão dos agricultores comerciais e a relação entre as necessidades de informação e as características socioeconómicas dos agricultores comerciais.

As conclusões do estudo do Instituto Nacional de Comercialização Agrícola (2013) revelaram que o aumento astronómico dos preços da cebola resultou do açambarcamento das existências em antecipação do aumento do preço e da maior margem de lucro dos retalhistas. Além disso, a situação das culturas não foi prevista atempadamente e, por conseguinte, a informação sobre as perdas de produção não foi antecipada pelos serviços de informação do mercado. A plantação devidamente escalonada de cebolas com variedades adequadas pode colmatar as lacunas de abastecimento durante o período de escassez, estabilizando assim uniformemente os preços ao longo do ano.

Pravin C. Gedam e R.N. Padaria (2014) revelaram que é urgente que todos os agentes de extensão respondam às necessidades dos produtores de laranja, recorrendo a um maior número de fontes de divulgação de informação e à utilização de novas tecnologias de comunicação, como os meios de comunicação social e a Internet. O pessoal da extensão deve dispor de mais meios de comunicação para responder às necessidades de informação dos produtores de laranja. A apresentação atempada da informação pode salvar os produtores de laranja das vendas de emergência e proporcionar-lhes mais lucros.

Kees Stigter et al. (2014) realizaram um estudo sobre a satisfação das necessidades dos agricultores em matéria de serviços agrometeorológicos e observaram que a informação agrometeorológica para os agricultores através de um sítio Web pode ser ilimitada, especialmente se o pacote for preparado num esforço de colaboração com os peritos agrícolas e o pessoal dos serviços de extensão agrícola/serviços de aconselhamento agrícola, sendo esta colaboração a abordagem recomendada. No entanto, não servirá para nada se a informação for complexa e irrelevante para as necessidades específicas dos utilizadores.

Nitin Bhagachand Bachhav realizou um estudo sobre as necessidades de informação dos agricultores rurais através do método de inquérito e revela que 71 (40,58%) agricultores necessitam de informação diária para vários trabalhos agrícolas. Verificou-se igualmente que as primeiras fontes de informação preferidas pelos agricultores são os colegas ou os companheiros de trabalho, seguidos dos jornais e dos serviços governamentais.

2.4 CONSTRANGIMENTOS ASSOCIADOS AOS SERVIÇOS DE EXTENSÃO:

Raju e Reddy (2003) observaram que os agricultores se depararam com constrangimentos na obtenção de informações sobre tecnologias agrícolas, tais como a falta de serviços de aconselhamento fitossanitário no terreno, a falta de sensibilização para as pragas e doenças e outros problemas no terreno, a não disponibilidade dos factores de produção e instalações necessários, a falta de instalações de irrigação, os contactos limitados com cientistas, o baixo preço legal dos produtos agrícolas e as fracas possibilidades de comercialização, a falta de formação, falta de informação pormenorizada sobre tecnologias orientadas para as competências, irregularidade das visitas aos campos por parte das autoridades competentes, falta de utilidade adequada da mensagem/informação, falta de apoio e motivação por parte das agências governamentais, complexidade da mensagem, falta de participação em diferentes actividades de extensão, localização e estações de investigação distantes, falta de compatibilidade com a mensagem, experiência insatisfatória com tecnologias anteriores, etc.O estudo de Barakade A.J. e do Dr. Lokhande T. N. (2011) concluiu que os produtores de cebola evitam riscos no aumento da área cultivada ou no aumento do rendimento da cultura ou em ambos. Também observaram e sugeriram que o risco decorrente das flutuações de preços e de rendimento poderia ser detido através da concessão de um seguro de colheitas aos produtores de cebola.Patil Nanagouda e A.H. Rajasab (2012) revelaram a partir do estudo que os constrangimentos enfrentados pelos produtores de cebola eram como a má qualidade das sementes, sementes de marca de alto custo, mudas caras, escassez e trabalhadores caros, escassez de água. A falta de água, a infestação de ervas daninhas, os adubos dispendiosos, a falta de ideia sobre os fertilizantes, a falta de instalações de armazenamento e a informação negligenciável sobre o mercado.

Gadge e Lawande (2012) concluíram, com base no estudo, que os danos causados às culturas devido à precipitação irregular na altura da colheita da cebola kharif e da preparação do viveiro da cebola rabi constituíam o principal constrangimento enfrentado por 73% dos agricultores.

Rathwa (2013) observou que a informação agrícola não está disponível como e quando necessário, que a informação agrícola transmitida através da rádio/TV não é oportuna e que as visitas irregulares dos VLWs são os principais constrangimentos enfrentados pelos produtores de tomate na obtenção de informações sobre vários aspectos da tecnologia de produção de tomate.

CAPÍTULO-3
METODOLOGIA DE INVESTIGAÇÃO

A metodologia sistemática é a chave para o sucesso de qualquer investigação, uma vez que tem uma influência direta na relevância dos resultados da investigação, especialmente no caso da investigação em ciências sociais. Trata-se essencialmente de adotar um procedimento normalizado, concebido para uma determinada prática. Neste capítulo, tentou-se descrever os vários procedimentos que foram úteis para completar o presente inquérito. Este capítulo destaca os métodos e procedimentos seguidos na realização do inquérito sob os seguintes títulos:

3.1 Conceção da investigação

3.2 Local de estudo

3.3 Plano de amostragem

3.4 Seleção do bloco

3.5 Seleção das aldeias

3.6 Seleção do inquirido

3.7 Método de recolha de dados

3.8 Instrumento de recolha de dados

3.1 Conceção da investigação

A conceção de uma investigação é o programa que orienta o investigador no processo de recolha, análise e interpretação das observações para tirar conclusões. Tendo em conta o objetivo do estudo, o investigador tentou incluir atributos qualitativos e comportamentais no estudo. O presente estudo de investigação insere-se no âmbito da investigação de inquérito, principalmente de natureza "ex-post facto". Tendo em conta os objectivos e o âmbito do estudo, foram tomadas decisões quanto à técnica de investigação, aos materiais e instrumentos de investigação a utilizar e aos padrões de análise estatística a incorporar.

3.2 Local do estudo

A área de investigação deste estudo situa-se no bloco de Chhatna do distrito de Bankura, que está situado na zona agrícola vermelha e laterítica do estado de Bengala Ocidental, na Índia. Era muito difícil efetuar um estudo tão intensivo em todo o estado de Bengala Ocidental com tempo e recursos limitados à disposição do investigador. Por conseguinte, apenas o bloco de Chhatna do distrito de Bankura foi tomado em consideração para o presente estudo. O estudo foi realizado num conjunto de três aldeias, nomeadamente, kamarkuli, jadavpur e jamadarpara.

3.2.1 PERFIL DO ESTADO DE BENGALA OCIDENTAL

Bengala Ocidental, situada na Índia Oriental, na Baía de Bengala. Tem uma área total de $88.750 \ km2$, o que o torna semelhante à dimensão da Sérvia. Situa-se entre 85 graus e 50

15

minutos e 89 graus e 50 minutos de longitude leste, e entre 21 graus e 38 minutos e 27 graus e 10 minutos de latitude norte. O Estado tem uma área total de 88 752 quilómetros quadrados (34 267 sq mi). Com o Bangladesh, situa-se na fronteira oriental. Parte da região etnolinguística de Bengala, faz fronteira com o Bangladesh a leste e com o Nepal e o Butão a norte. Também faz fronteira com cinco estados indianos: Odisha, Jharkhand, Bihar, Sikkim e Assam. A capital do estado é Calcutá (Kolkata), a sétima maior cidade da Índia. A geografia de Bengala Ocidental inclui a região montanhosa dos Himalaias de Darjeeling, no extremo norte do Estado, que pertence aos Himalaias orientais. Nesta região encontra-se Sandakfu (3.636 m ou 11.929 pés) - o pico mais alto do estado. A estreita região do Terai separa esta região das planícies do Norte de Bengala, que por sua vez transitam para o delta do Ganges a sul. A região de Rarh situa-se entre o delta do Ganges, a leste, e o planalto e as terras altas do oeste. Uma pequena região costeira situa-se no extremo sul, enquanto as florestas de mangais de Sundarbans constituem um marco geográfico no delta do Ganges. Um ramo entra no Bangladesh sob a forma de Padma ou Pôdda, enquanto o outro flui através de Bengala Ocidental sob a forma dos r i o s Bhagirathi e Hooghly. A barragem de Farakka sobre o Ganges alimenta o ramo Hooghly do rio através de um canal de alimentação, e a gestão do seu caudal de água tem sido uma fonte de litígio persistente entre a Índia e o Bangladesh. Os rios Teesta, Torsa, Jaldhaka e Mahananda situam-se na região montanhosa do norte. A região do planalto ocidental tem rios como o Damodar, o Ajay e o Kangsabati. O delta do Ganges e a zona de Sundarbans têm numerosos rios e riachos. A poluição do Ganges causada por resíduos indiscriminados lançados no rio é um problema grave. O Damodar, outro afluente do Ganges e outrora conhecido como a "Tristeza de Bengala" (devido às suas frequentes inundações), tem várias barragens no âmbito do Projeto do Vale do Damodar.

O Estado tem 23 distritos que estão divididos em cinco divisões administradas por um "Divisional Commissioner" para fins administrativos: Malda, Burdwan, Jalpaiguri, Presidency e Medinipur. O Estado tem uma longa tradição de ter órgãos estatutários de planeamento a nível distrital. Para a autonomia local nas zonas rurais, existem atualmente 825 circunscrições Zilla Parishad repartidas por 18 Zilla Parishads e 1 Mahakuma Parishad, 9240 circunscrições Panchayat Samiti em 341 Panchayat Samitis e 48751 circunscrições Gram Panchayat em 3354 Gram Panchayats. Existem 7 Corporações Municipais e 119 Municípios em Bengala Ocidental. O Estado tem 71,14,000 hectares de terra cultivada. Estão a ser executados vários projectos de irrigação para melhorar a irrigação. Foi lançada uma missão de bacias hidrográficas para assegurar a rápida aplicação de medidas de conservação do solo e da água nas zonas não irrigadas.

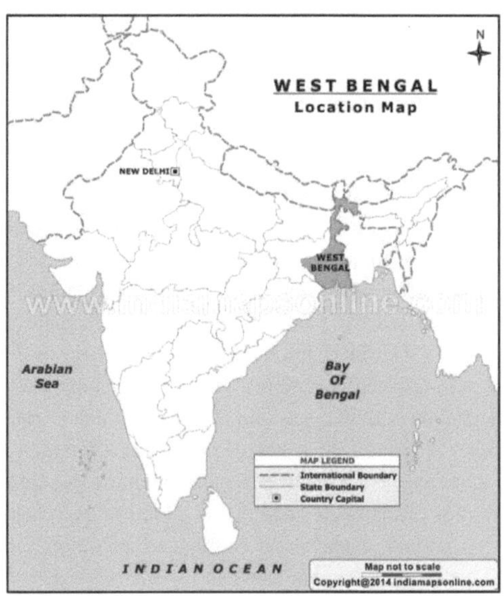

3.2.2   CLIMA DO ESTADO

O clima de Bengala Ocidental varia entre o tropical de savana nas zonas meridionais e o subtropical húmido no norte. As estações principais são o verão, a estação das chuvas, um curto outono e o inverno. Enquanto o verão na região do delta é caracterizado por uma humidade excessiva, as terras altas ocidentais têm um verão seco como o do Norte da Índia, com a temperatura diurna mais elevada a variar entre 38 °C (100 °F) e 45 °C (113 °F). À noite, uma brisa fresca do sul transporta a humidade da Baía de Bengala. No início do verão, ocorrem frequentemente breves tempestades e trovoadas conhecidas por Kalbaisakhi, ou Nor'westers. Bengala Ocidental recebe o ramo da Baía de Bengala da monção do Oceano Índico que se move na direção noroeste. As monções trazem chuva a todo o Estado de junho a setembro. Observa-se uma forte precipitação de mais de 250 cm nos distritos de Darjeeling, Jalpaiguri e Cooch Behar. Durante a chegada das monções, a baixa pressão na região da Baía de Bengala provoca frequentemente a ocorrência de tempestades nas zonas costeiras. O inverno (dezembro-janeiro) é ameno nas planícies, com temperaturas mínimas médias de 15 °C (59 °F). Durante o inverno, sopra um vento frio e seco do norte que faz baixar substancialmente o nível de humidade. A região das colinas dos Himalaias de Darjeeling tem um inverno rigoroso, com queda ocasional de neve em alguns locais.

3.2.3   ECONOMIA DO ESTADO

A partir de 2015, Bengala Ocidental tem o quinto maior PIB da Índia. O GSDP a preços correntes (base 2004-05) aumentou de 208.656 crores em 2004-05 para 800.868 crores em 2014-15. O crescimento percentual do GSDP a preços correntes variou de um mínimo de 10,3% em 2010-11 a um máximo de 17,11% em 2013-14. A taxa de crescimento foi de

13,35% em 2014-15. O rendimento per capita do Estado ficou aquém da média da Índia durante mais de duas décadas. Em 2014-15, o NSDP per capita a preços correntes era de Rs 78 903. A taxa de crescimento do PNS per capita a preços correntes variou entre 9,4% em 2010-11 e um máximo de 16,15% em 2013-14. A taxa de crescimento foi de 12,62% em 2014-15. Em 2015-16, a percentagem do Valor Acrescentado Bruto (VAB) a custo de fatores por Atividade Económica a preço constante (ano base 2011-12) foi Agricultura-Floresta & Pesca - 14,84%, Indústria 18,51% e Serviços 66,65%. Verificou-se que, ao longo dos anos, se registou um declínio lento mas constante da percentagem da indústria e da agricultura. A agricultura é a principal atividade profissional em Bengala Ocidental. O arroz é a principal cultura alimentar do Estado. O arroz, a batata, a juta, a cana-de-açúcar e o trigo são as cinco principais culturas do Estado. O chá é produzido comercialmente nos distritos do norte; a região é bem conhecida pelo Darjeeling e outros chás de alta qualidade. As indústrias estatais estão localizadas na região de Calcutá, nas terras altas ocidentais ricas em minerais e na região portuária de Haldia. A cintura de minas de carvão de Durgapur-Asansol alberga uma série de grandes fábricas de aço. As indústrias transformadoras que desempenham um papel económico importante são os produtos de engenharia, a eletrónica, o equipamento elétrico, os cabos, o aço, o couro, os têxteis, a joalharia, as fragatas, os automóveis, as carruagens de comboio e os vagões. O centro de Durgapur estabeleceu uma série de indústrias nos domínios do chá, do açúcar, dos produtos químicos e dos fertilizantes. Os recursos naturais, como o chá e a juta, nas regiões próximas, fizeram de Bengala Ocidental um importante centro para as indústrias da juta e do chá.

Anos após a independência, Bengala Ocidental continuava a depender do governo central para satisfazer a sua procura de alimentos; a produção alimentar permaneceu estagnada e a revolução verde indiana passou ao lado do Estado. No entanto, registou-se um aumento significativo da produção alimentar desde a década de 1980, e o Estado tem atualmente um excedente de cereais. A quota-parte do Estado na produção industrial total da Índia era de 9,8% em 1980-81, tendo diminuído para 5% em 1997-98. No entanto, o sector dos serviços tem crescido a uma taxa superior à taxa nacional.

3.2.4 CENÁRIO AGRÍCOLA DO ESTADO

Bengala Ocidental é um Estado predominantemente agrário. Constituído por apenas 2,7% da área geográfica da Índia, sustenta quase 8% da sua população. Existem 71,23 lakh famílias de agricultores, das quais 96% são pequenos agricultores e agricultores marginais. A dimensão média das explorações agrícolas é de apenas 0,77 ha. No entanto, o Estado é dotado de diversos recursos naturais e de condições agro-climáticas variadas que favorecem o cultivo de uma vasta gama de culturas. Bengala Ocidental ocupa o primeiro lugar na produção de arroz e de produtos hortícolas do país. É o segundo na produção de batata (a seguir ao Uttar Pradesh). É também o principal produtor de juta, ananás, lichia, manga e flores soltas. O cultivo de leguminosas, oleaginosas e milho também está a aumentar rapidamente.

A superfície cultivada líquida é de 52,05 lakh ha, o que representa 68% da superfície geográfica e 92% das terras aráveis. A intensidade das culturas é de 184%. No entanto, como o Estado está situado no trópico húmido e a Baía de Bengala está próxima, tem de enfrentar frequentemente os caprichos da natureza, como inundações, ciclones, tempestades de granizo, etc. Embora o Estado tenha uma produção excedentária de arroz, legumes e batata, existe uma enorme diferença entre as necessidades e a produção de leguminosas, oleaginosas e milho. A deterioração da saúde do solo devido ao desequilíbrio na utilização de fertilizantes químicos, a escassez de variedades melhoradas de sementes, a mecanização inadequada das explorações agrícolas, a estrutura de comercialização desorganizada, etc., são os principais desafios ao crescimento agrícola.

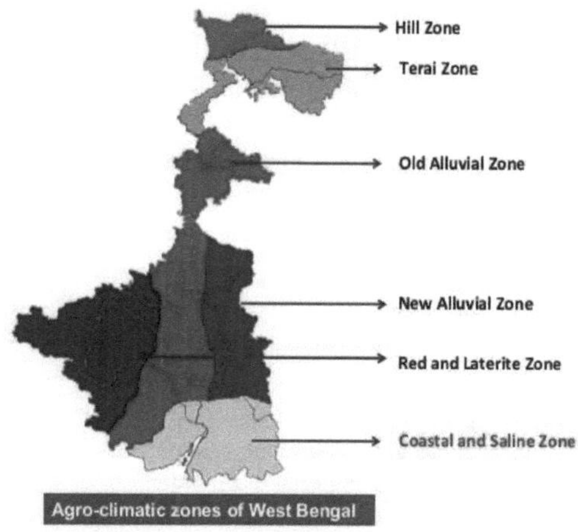

3.2.5 PERFIL DO DISTRITO DE BANKURA

O distrito de Bankura (Pron: bal)kura (Bengali: <n'"f□n (□'1n) é uma unidade administrativa do estado indiano de Bengala Ocidental.

Faz parte da divisão de Medinipur - uma das cinco divisões administrativas de Bengala Ocidental. Bankura está rodeado pelo distrito de Bardhaman a norte, pelo distrito de Purulia a oeste e pelo distrito de Paschim Medinipur a sul e por uma parte do distrito de Hooghly a leste. O rio Damodar corre na parte norte do distrito de Bankura e separa-o da maior parte do distrito de Burdwan. O distrito tem a sua sede na cidade de Bankura, situada entre 22° 38' e 23° 38' de latitude norte e entre 86° 36' e 87° 46' de longitude leste. Tem uma área de 6 788 quilómetros quadrados. A norte e a nordeste, o distrito faz fronteira com o distrito de Bardhaman, do qual está separado pelo rio Damodar. A sudeste, faz fronteira com o distrito de Hooghly, a sul com o distrito de Paschim Medinipur e a oeste com o distrito de Purulia. O distrito foi descrito como o "elo de ligação entre as planícies de Bengala, a leste, e o planalto de Chota Nagpur, a oeste". As áreas a leste e nordeste são planícies aluviais de baixa altitude, enquanto a oeste a superfície se eleva gradualmente, dando lugar a um terreno ondulado, intercalado por colinas rochosas. Existem diferentes opiniões sobre a etimologia da palavra Bankura. Na língua dos Kol-Mundas, orah ou rah significa habitação. Banku significa extremamente belo. Também pode ter vindo da palavra banka que significa zig-zag. Uma das divindades mais influentes do distrito é Dharmathakur, que é designado localmente por

Bankura Roy. De acordo com a tradição local, a cidade, que é atualmente a sede do distrito, recebeu o nome do seu fundador, um chefe chamado Banku Rai. Outra lenda diz que a cidade recebeu o nome de Bir Bankura, um dos vinte e dois filhos de Bir Hambir, o Raja de Bishnupur. Ele dividiu o seu reino em vinte e dois tarafs ou círculos e deu um a cada filho. O Taraf Jaybelia coube a Bir Bankura. Este desenvolveu a cidade que atualmente tem o nome de Bankura. Foi também sugerido que o nome é uma corruptela da palavra Bankunda, que significa cinco tanques. O nome Bacoonda encontra-se em registos oficiais antigos, sendo o distrito composto por três subdivisões: Bankura Sadar, Khatra e Bishnupur. A subdivisão de Bankura Sadar é constituída pelo município de Bankura e por oito blocos de desenvolvimento comunitário: Bankura I, Bankura-II, Barjora, Chhatna, Gangajalghati, Mejia, Onda e Saltora. A subdivisão de Khatra é constituída por oito blocos de desenvolvimento comunitário: Indpur, Khatra, Hirbandh, Raipur, Sarenga, Ranibandh, Simlapal e Taldangra. A subdivisão de Bishnupur é constituída pelos municípios de Bishnupur e Sonamukhi e por seis blocos de desenvolvimento comunitário: Indas, Joypur, Patrasayer, Kotulpur, Sonamukhi e BankuraBankura é a sede do distrito. Existem 21 esquadras de polícia, 22 blocos de desenvolvimento, 3 municípios, 190 gram panchayats e 5187 aldeias neste distrito. Para além da área do município, cada subdivisão contém blocos de desenvolvimento comunitário que, por sua vez, estão divididos em áreas rurais e cidades de recenseamento. No total, existem 5 unidades urbanas: A maior parte do distrito é caracterizada por uma topografia ondulada. A inclinação média dos terrenos varia de 0,4% a 10%. Os solos são maioritariamente lateríticos, de textura ligeira e de natureza ácida. A fertilidade é também muito baixa. O solo é leve e poroso por natureza, com pouca matéria orgânica e baixa capacidade de retenção de água. A altitude da estação ferroviária de Bankura é de 84 metros acima do nível do mar, com o ponto mais alto de 427 metros na colina de Susunia, enquanto a quinta de Susunia está 100 metros acima do nível do mar e Bishnupur 70 metros acima do nível do mar. A parte ocidental do distrito tem um solo pobre e ferruginoso e leitos duros de laterite com matagais e bosques de sal (Shorea robusta). Os longos cumes quebrados com manchas irregulares de aluvião mais recente apresentam marcas de cultivo sazonal. Durante a longa estação seca, grandes extensões de terra vermelha com quase nenhuma árvore conferem ao país um aspeto queimado e sombrio. Na parte oriental, o olhar detém-se constantemente em grandes extensões de arrozais, verdes durante as chuvas, mas ressequidos e secos no verão.

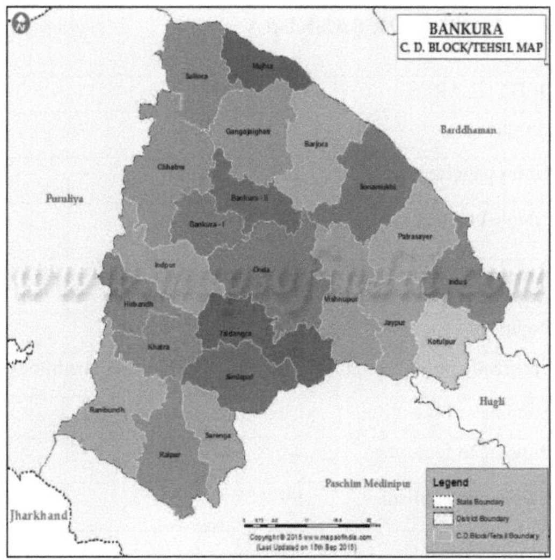

3.2.6 CENÁRIO AGRÍCOLA E HORTÍCOLA DO DISTRITO

A utilização de fertilizantes, sementes melhoradas, estrume orgânico e pesticidas está a aumentar de dia para dia. Os agricultores estão agora habituados a utilizar implementos agrícolas como o trator, o motocultivador, a debulhadora, o conjunto de bombas, o pulverizador, etc. no domínio da agricultura. Implementos como o trator, o motocultivador, a debulhadora, o conjunto de bombas, o pulverizador, etc., no domínio da agricultura. Recentemente, foram introduzidos o transplantador de arroz, a ceifeira de arroz, o semeador de tambor, etc.

O arroz é a principal cultura do distrito. Embora o distrito seja propenso a secas, pode obter excedentes de produção alimentar em anos de boa pluviosidade. Para além do arroz, as principais culturas são a batata, o trigo, os legumes, a mostarda, o milho de verão, etc. Tal como o arroz, o distrito também é excedentário na produção de batata e legumes. O distrito está a ficar para trás na produção de leguminosas e oleaginosas. Devemos dar ênfase especial à produção de oleaginosas e leguminosas, introduzindo novas variedades de leguminosas como Arhar, Lentilha, Gram, Khesari, Kalai, Moong, etc. O amendoim e o girassol foram introduzidos na estação Rabi para colmatar a lacuna entre a procura e a produção de oleaginosas. Os agricultores deste distrito também cultivam brócolos e pimentos para satisfazer a procura da população local.

3.2.7

3.2.8 PERFIL DEMOGRÁFICO DE BANKURA

PARTICULARES	DISTRITO
1. Bloqueio	22
2. Gram panchayet	190
3. Aldeia habitada	3565
4. Área em quilómetros quadrados.	6,882 km2 (2,657 m2)
5. População em não	3.596,292
6. densidade populacional	520/km2(1.400/milha quadrada)
7. população masculina	1,636,002
8. População feminina	1.556,693
9. Elenco programado	997408
10. Tribo registada	330783
11. Percentagem de alfabetização	63.44
12. Cabra	740830
13. aves de capoeira	884/no de por 1000 pessoas
14. Hospital veterinário	1
15. Centro de I.A.	35050
16. Cooperativa de leite	30
17. cruzamento de raças de gado	69305

3.2.9 Destaques do distrito

• O distrito de Bankura é composto por 22 blocos C.D. e 3 cidades estatutárias.

• Há um total de 3.823 aldeias e 9 cidades no distrito.

• População infantil (0-6 anos) no Estado.

• O distrito de Bankura ocupa a 8.ª posição em termos de população da casta registada no Estado.

• O distrito de Bankura ocupa a 6ª posição em termos de população das tribos registadas no Estado.

• O distrito de Bankura ocupa o 12º lugar na taxa de crescimento demográfico decenal entre os distritos, com 12,7%.

• É o 18º classificado do Estado.

• O rácio sexual do distrito é de 957 (número de mulheres por 1000 homens), o que é muito mais elevado do que o rácio de género.

• A razão de sexos do Estado (950) ocupa o 6º lugar no Estado e mantém

mesma posição quando apenas o Sexo Rural.

• O rácio (956) é considerado.

• O distrito de Bankura tem o rácio sexual mais elevado, juntamente com Paschim Medinipur, no que se refere à população autóctone.

• O rácio da população de casta é de 979.

• Notavelmente, no que respeita à população das tribos registadas, o distrito tem 1.010 mulheres por cada 1.000 homens.

• Ocupa o 3º lugar nesta categoria.

• No que respeita à proporção da população infantil (0-6 anos), o distrito de Bankura ocupa o 9º lugar, juntamente com.

• Paschim Medinipur no Estado (11,6%).

• 15º lugar no ranking estadual.

• Neste caso, ocupa o 4º lugar no Estado.

• Existem 2 (duas) aldeias com população igual ou superior a 10 000 habitantes.

• ShushuniaPahar (b l o c o   C .D. de Chhatna), Rajada (bloco C.D. de Chhatna), Bhalukchal (bloco C.D. de Indpur),

• Gosainhir (Indpur C.D. Block), Kesheshol (Sonamukhi C.D. Block), ChakMurakhal (Kotulpur C.D.

• Aguri Band Punisol (Bloco Onda C.D.) é a aldeia mais populosa (22.193 habitantes) do distrito.

• Número de aldeias (75) no distrito.

• O distrito de Bankura ocupa o 4º lugar em termos de área (6882,00 km2) no Estado.

• Existem 238 aldeias desabitadas no distrito.

3.2.10 Zona das colinas

As colinas do distrito são constituídas por pontos extremos do planalto de Chota Nagpur e apenas duas são de grande altura - Biharinath e Susunia. Enquanto a primeira atinge uma altura de 448 metros, a segunda atinge 440 metros. Existem várias colinas baixas na zona de Saltora. Existem pequenas colinas, por exemplo, a colina de Mejia, que se eleva a apenas 60 metros da base, ou a colina de Karo, a meio caminho entre Mejia e Bankura, que se eleva um pouco mais alto, atingindo cerca de 120 metros. A sul, nas áreas das esquadras de polícia de Khatra e Raipur, existem pitorescas colinas baixas, localmente designadas por Masaker Pahar.

3.2.11 Condições climáticas

O clima, especialmente nas zonas montanhosas a oeste, é muito mais seco do que no leste ou no sul de Bengala. Entre o início de março e o princípio de junho, altura em que se inicia a monção, predominam os ventos quentes de oeste, com o termómetro à sombra a subir para cerca de 45 °C (113 °F). Os ventos de oeste diminuem por volta do pôr do sol e permitem a entrada de ventos frescos vindos do sul. Os Nor'easter são frequentes durante este período e ajudam a atenuar o calor excessivo. Os meses de monção, de junho a setembro, são comparativamente agradáveis, pois o clima não é tão abafado como noutras partes de Bengala. A precipitação média total é de 1 400 milímetros (55 in), sendo a maior parte da chuva registada nos meses de junho a setembro. Os Invernos são agradáveis, com as temperaturas a descerem abaixo dos 27 °C (81 °F) em dezembro.

3.2.12 Indústrias:

Bankura tem um grande potencial para a expansão da atividade na indústria de média e pequena escala e na indústria caseira. As zonas industriais de Asansol, Raniganj e Durgapur estão muito próximas de Barjora e Mejia. A boa conetividade rodoviária e ferroviária, a situação estável em termos de energia eléctrica, a disponibilidade de terrenos para a instalação de indústrias e a mão de obra barata, tanto qualificada como não qualificada, fizeram aumentar a participação das mulheres nos organismos Panchayat, bem como na administração do desenvolvimento na base. Por outro lado, a formação de grupos de autoajuda (SHG), a transmissão de competências aos membros dos SHG e a sua participação em actividades produtivas resultaram no aumento da participação das mulheres nas actividades económicas. As mulheres dos grupos de autoajuda têm ainda grandes oportunidades de participar nas actividades económicas de forma significativa.

3.2.13 PERFIL DO BLOCO DE CHHATNA

Chhatna é um bloco de desenvolvimento comunitário que constitui uma divisão administrativa na subdivisão de Bankura Sadar do distrito de Bankura, no estado indiano de Bengala Ocidental. Chhatna está situada a 23°18'06 "N 86°58'58 "E. Fica a 13 km da cidade de Bankura, na estrada Bankura-Purulia. Susunia fica a 10 km (6,2 milhas) a nordeste de Chhatna. O bloco CD de Chhatna está situado na parte ocidental do distrito. Pertence à zona de terras irregulares/rocha anelar dura. O solo é vermelho laterítico e os leitos duros estão cobertos de mato e salitre.Existem duas colinas de altura moderada - Biharinath (no bloco CD de Saltora) e Susunia (no bloco CD de Chhatna). Enquanto a primeira se eleva a uma altura de 448 metros, a segunda atinge uma altura de 440 metros.O bloco de Chhatna faz fronteira com os blocos de Saltora e Gangajalghati a norte, com os blocos de Bankura II e Bankura I a   leste, com o bloco de Indpur a sul e com os blocos de Kashipur e Hura, no distrito de Purulia, a oeste, estando situado a 15 ^{km} de Bankura, a sede do distrito. Tem 1 panchayat samity, 13 gram panchayats, 147 gram sansads (conselhos de aldeia), 288 mouzas, 277 aldeias habitadas e 1 cidade censitária. A esquadra de polícia de Chhatna serve este bloco. A sede deste bloco CD é em Chhatna. Os gram panchayats do bloco Chhatna/ panchayat samiti são: Arrah, Chhatna-I, Chhatna II, Chinabari, Dhaban, Ghosegram, Jamtora, Jhunka, Jirrah, Metyala, Saldiha, Susunia e Teghari.

3.3 PLANO DE AMOSTRAGEM

Foi seguido um procedimento de amostragem aleatória simples e propositada no presente estudo, tendo sido preparadas três aldeias, nomeadamente Jamadarpara, Kamarkuli e Jadavpur, do quarteirão de Chhatna do distrito de Bankura, com a ajuda de funcionários do quarteirão. Da lista preparada, 40 de Jamadarpara e 40 de Jadavpur foram seleccionadas aleatoriamente para a recolha final de dados. O plano de amostragem é apresentado a seguir.

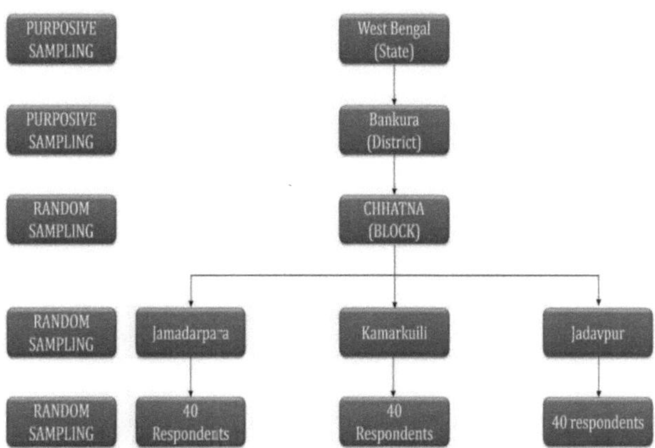

3.4 SELECÇÃO DE BLOCOS

O único bloco de chhatna entre as três subdivisões: Bankura Sadar, Khatra e Bishnupur do distrito de Bankura foi selecionado porque esta área é a mais adequada para a cultura do arroz.

3.5 SELECÇÃO DE ALDEIAS

O estudo foi realizado em três aldeias seleccionadas aleatoriamente, nomeadamente:

1. Jamadarpara, 2. Kamarkuli, 3. Jadavpur do bloco de Chhatna.

3.6 SELECÇÃO DOS INQUIRIDOS

Todos os agricultores das aldeias seleccionadas constituíam o universo do estudo, pelo que foram seleccionados aleatoriamente 120 agricultores das três aldeias seleccionadas, 40 de Jamadarpara e 40 de Jadavpur, perfazendo um total de 120 agricultores.

3.7 MÉTODO DE RECOLHA DE DADOS

3.7.1 VARIÁVEIS E SUA MEDIÇÃO

A variável é uma propriedade que assume valores diferentes. As variáveis utilizadas no estudo foram quantificadas em função do seu mérito relativo para qualificar a medição. As variáveis seleccionadas para os diferentes objectivos são as seguintes. A seleção e a medição das variáveis para o presente estudo baseiam-se nos objectivos do estudo e nas orientações recebidas da literatura e dos peritos envolvidos no domínio.

A) Variável independente
1. Idade

Refere-se à idade cronológica dos inquiridos. É medida em termos do número aproximado de anos completados por um inquirido na data da entrevista. Os inquiridos foram agrupados em três categorias: jovem, médio e idoso, com base na média e no desvio-padrão (DP) e a pontuação foi a seguinte

Sl. no.	Categorias	Pontuação
1	Jovem	Inferior à média - S.D
2	Médio	Entre Média ± S.D
3	Antiga	Maior que a média + S.D

2. Género

Foi definido operacionalmente como o facto de o inquirido ser do sexo masculino ou feminino. A variável foi medida pelo método da percentagem simples.

2. Religião

Para o presente estudo, foi tida em consideração a religião de um inquirido, como o hinduísmo, o budismo, o cristianismo, etc.

4. Educação

A educação é um instrumento de construção da estrutura da personalidade e ajuda a mudar o comportamento na vida social. A adoção de uma agricultura científica, sendo uma atividade complexa que envolve conhecimentos, competências e atitudes, não pode ser dissociada do impacto da educação. A questão de investigação é, por conseguinte, examinar se o estatuto educativo dos agricultores desempenhou algum papel significativo nas necessidades de extensão dos produtores de cebola. Refere-se à quantidade de escolaridade formal atingida e à literacia adquirida pelo inquirido no momento da entrevista. Os inquiridos foram classificados como analfabetos, alfabetizados e educados com base na média e no desvio padrão (DP) e a pontuação foi a seguinte:

N.º de Sl.	Categorias	Pontuação
1	Baixa	Inferior à média - S.D
2	Médio	Entre Média ± S.D
3	Elevado	Maior que a média + S.D

5. Tamanho da família

Os inquiridos foram categorizados com base na dimensão da família, pequena, média e grande, com a média e o desvio-padrão (DP) e a pontuação foi a seguinte

Sl. no.	Categorias	Pontuação
1	Pequeno	Inferior à média - S.D
2	Médio	Entre Média ± S.D
3	Grande	Maior que a média + S.D

6. Ocupação

A ocupação foi definida operacionalmente como os padrões contínuos relativos de actividades que proporcionam aos inquiridos um meio de subsistência e definem o seu estatuto social. A variável foi medida pelo método da percentagem simples.

7. Experiência agrícola

Os inquiridos foram classificados em baixo, médio e alto com base no número de anos de experiência registados utilizando os dispositivos estatísticos e o desvio padrão.

N.º de identificação	Categorias	Pontuação
1.	baixo	Inferior à média + S.D
2.	Médio	Entre Média ± S.D
3.	Elevado	Maior que a média + S.D

8. Participação social

A participação social foi conceptualizada como a participação do inquirido numa instituição social, uma vez que foi preparada uma lista de membros de instituições sociais relacionadas, em consulta com os professores do Departamento de Extensão Agrícola da P.S.B , Visva-Bharati. Em seguida, foi pedido aos inquiridos que indicassem se eram ou não membros de uma determinada instituição social. As pontuações foram 2 para SIM e 1 para NÃO. Em seguida, foram calculadas as pontuações médias e o desvio padrão. A participação social dos inquiridos foi classificada em 3 categorias, que são as seguintes

N.º de identificação	Categorias	Pontuação
1.	baixo	Inferior à média + S.D
2.	Médio	Entre Média ± S.D
3.	Elevado	Maior que a média + S.D

9. Dimensão da exploração

A dimensão da exploração agrícola é medida considerando a terra detida pelos inquiridos no momento da investigação em "acre". No presente estudo, a dimensão da exploração agrícola do inquirido foi medida em três pontos, ou seja, pequena dimensão (abaixo da média - s.d.), média dimensão (entre a média e a média - s.d.), média dimensão (entre a média e a média - s.d.) e média dimensão (entre a média e a média - s.d.).
± s.d.), e grande dimensão da exploração (superior à média + s.d.).

N.º de identificação	Categorias	Pontuação
1.	Pequeno	Inferior à média + S.D
2.	Médio	Entre Média ± S.D
3.	Grande	Maior que a média + S.D

10. Equipamento agrícola

Refere-se aos bens domésticos possuídos e utilizados pelos inquiridos no sistema de clientes. A variável foi medida pelo método da percentagem simples.

11. Rendimento anual total

O rendimento anual total refere-se à produção anual total de uma determinada cultura. É medido em termos de quintal arredondado. Foi categorizado em baixo, médio e alto com base na média e no desvio padrão e a pontuação foi a seguinte:

N.º de identificação	Categorias	Pontuação
1.	Baixa	Inferior à média + S.D
2.	Médio	Entre Média ± S.D
3.	Elevado	Maior que a média + S.D

12. Rendimento anual total

É o rendimento bruto de todas as fontes disponíveis num ano. É medido em termos de rúpias arredondadas. Os agricultores foram classificados como baixos, médios e altos com base na média e no desvio padrão (DP) e a pontuação foi a seguinte:

N.º de identificação	Categorias	Pontuação
1.	Baixa	Inferior à média + S.D
2.	Médio	Entre Média ± S.D
3.	Elevado	Maior que a média + S.D

13. Acesso ao mercado

A variável foi medida pelo método da percentagem simples.

14. Acesso ao crédito

A variável foi medida pelo método da percentagem simples.

B) Variável dependente

1. Fontes de informação

Para medir as fontes de informação, foi preparada uma lista completa de várias fontes e canais de comunicação na área de estudo operacional, como os meios de comunicação de massa, cosmopolitas e locais, em consulta com os professores do departamento de extensão agrícola, P.S.B., Visva-Bharati, extensionistas e agricultores da área de estudo. A frequência do contacto com as diferentes fontes e canais foi calculada utilizando uma escala intervalar de quatro pontos. Os quatro pontos eram: "muito frequentemente", "frequentemente", "às vezes", "nunca" e as pontuações atribuídas foram 4,3,2,1, respetivamente. A pontuação média para cada fonte foi calculada e a classificação foi efectuada com base na pontuação média para cada fonte de informação.

2. Necessidades de informação expressas pelos agricultores

Para medir as necessidades de extensão dos inquiridos, foi elaborada uma lista completa de várias necessidades de extensão relacionadas com os factores de produção, a produção e os aspectos de comercialização da cultura do arroz na zona de estudo operacional, em consulta com os professores do departamento de extensão agrícola da P.S.B., Visva-Bharati, os extensionistas e os agricultores da zona de estudo. A pontuação das diferentes necessidades de extensão foi calculada utilizando uma escala de intervalos de quatro pontos. A resposta do inquirido foi classificada em categorias de resposta de 4 pontos: mais frequentemente 4, frequentemente-3, às vezes-2 e nunca-1. A variável foi medida através da obtenção da pontuação média e do desvio padrão e depois categorizada como alta, média e baixa.

3. Constrangimentos enfrentados pelos agricultores

Para medir os constrangimentos enfrentados pelos inquiridos, foi preparada uma lista completa de vários constrangimentos, como os constrangimentos económicos, os constrangimentos tecnológicos e os constrangimentos relacionados com a extensão na cultura do arroz na área de estudo operacional, em consulta com os professores do departamento de extensão agrícola, P.S.B, Visva-Bharati, extensionistas e agricultores da área de estudo. A classificação das diferentes necessidades de extensão foi efectuada utilizando uma escala de intervalos de quatro pontos. A resposta do inquirido foi classificada em categorias de resposta de 4 pontos: mais frequentemente 4, frequentemente-3, às vezes-2 e nunca-1. A variável foi medida através da obtenção da pontuação média e do desvio padrão e depois categorizada como alta, média e baixa.

3.8 Instrumento de recolha de dados

1. Programa da entrevista

Para a recolha dos dados necessários, foram elaborados calendários de entrevista adequados aos objectivos do estudo, em consulta com peritos na matéria.
2. Ferramentas estatísticas

Instrumentos estatísticos utilizados para a análise da recolha de dados. Os dados recolhidos através do calendário foram codificados, tabulados, analisados e apresentados em quadros, de modo a tornar as conclusões significativas e facilmente compreensíveis. As conclusões resultantes da análise dos dados foram devidamente interpretadas e foram efectuadas inferências.
As ferramentas e técnicas estatísticas utilizadas neste estudo são as seguintes

1. Percentagem
2. Média aritmética

3. Desvio padrão

4. Análise de regressão

2.1 percentagens

A percentagem foi utilizada na análise descritiva para efetuar uma comparação simples entre duas respostas. Para calcular a percentagem, a frequência de uma determinada célula foi multiplicada por 100 e dividida pelo número total de inquiridos na categoria específica a que a célula pertencia.

$$Percentage = \frac{Number\ of\ respondents\ in\ cell}{Total\ Number\ of\ Respondents} \times 100$$

2.2 Pontuação média

É a média aritmética e o resultado obtido quando a soma dos valores dos indivíduos nos dados é dividida pelo número de indivíduos nos dados. A média é a medida de tendência central mais simples e relativamente estável. É utilizada sumariamente sobre as características essenciais de uma série e para permitir a comparação de dados. A média é melhor do que outras médias, especialmente em estudos sociais e económicos em que são possíveis medições quantitativas directas.

$$Mean(\overline{x}) = \sum \frac{fx_i}{n}$$

Onde,

x-= o símbolo utilizado para a média

E = Somatório

xi = Valores de i[th] item

n = Número total de inquiridos

2.3 Desvio padrão

O desvio padrão é a raiz quadrada da média aritmética do quadrado de todos os desvios, sendo o desvio medido a partir da média aritmética da distribuição. É menos afetado por erros de amostragem e é uma medida de dispersão mais estável. O desvio-padrão dos dados de um grupo sob a forma de distribuição de frequências é calculado pela seguinte fórmula

Fórmula: Desvio Padrão (□) =

Onde,

f = frequência da classe

$$\sqrt{\frac{\Lambda\ x^2 - \frac{\Box X^2}{2}}{n-1}}$$

d = desvio do valor médio da classe em relação à média da população N = número total de observações.

2.4 Análise de regressão

O coeficiente de correlação exprime apenas uma associação e, por si só, não nos diz nada sobre as relações causais das variantes. Assim, apenas com base no conhecimento de que duas variantes x e y estão correlacionadas, não podemos dizer se a variação em x é a causa ou o resultado da variação em y ou se a associação resulta da dependência mútua das duas variantes ou de causas comuns que as afectam a ambas. Do mesmo modo, a simples existência de um valor elevado do coeficiente de correlação não é necessariamente indicativa de uma relação subjacente entre as duas variantes.
A relação subjacente entre x e y numa população bivariada pode ser expressa sob a forma de uma equação matemática conhecida como equação de regressão e diz-se que representa a regressão do valor das variantes y sobre as variantes x.

Um coeficiente de correlação múltipla mede a relação combinada entre uma variável dependente e uma série de variáveis independentes. Também pode ser explicado como a correlação entre os valores observados da variável dependente e os seus valores estimados a partir dos valores das variáveis independentes, estimados com a ajuda da equação de regressão múltipla (Chandel, 1970).

Se y é a variável dependente e x1, x2 são as variáveis independentes, então a equação de regressão múltipla será -

$$Y = a + b1\,x1 + b2\,x2 + \cdots + bnxn$$

Onde,

Y = variável dependente a = uma constante
b1 = coeficiente de regressão parcial x1 = variáveis independentes
n = número total de variáveis independentes

CAPÍTULO-4
RESULTADOS E DISCUSSÃO

Este capítulo apresenta o resultado do estudo obtido a partir dos dados recolhidos através do inquérito. Os resultados do estudo foram apresentados sob os seguintes títulos:

4.1 Perfil socioeconómico dos produtores de arroz.

4.2 Fontes de informação utilizadas pelos agricultores.

4.3 Preferência pelas fontes de informação.

4.4 Necessidades de informação sobre o arroz expressas pelos agricultores.

4.5 Análise de regressão múltipla.

4.6 Constrangimentos enfrentados pelos agricultores.

4.1 PERFIL SOCIOECONÓMICO DOS PRODUTORES DE ARROZ

O perfil fornece uma imagem composta da situação. O perfil dos inquiridos dá uma ideia das suas características à primeira vista. Os critérios de categorização maioritariamente utilizados para descrever as características socioeconómicas dos inquiridos da amostra são a idade, a religião, a casta, a educação, a ocupação, a dimensão e o tipo da família, a experiência agrícola geral, a experiência de cultivo de cebolas, a participação social, a propriedade fundiária, as máquinas e os equipamentos agrícolas, o rendimento anual, o rendimento anual e o seu acesso ao mercado e ao crédito. As características socioeconómicas dos produtores de arroz de 3 aldeias do bloco de Chhatna do distrito de Bankura, em Bengala Ocidental, são descritas e apresentadas a seguir.

4.1.1 Idade

A idade dos inquiridos é um fator importante, que influencia o fluxo dos serviços de extensão dentro da comunidade agrícola. A distribuição dos inquiridos por idade é apresentada na tabela seguinte- 4.1.1 Tabela 4.1.1 Distribuição dos inquiridos de acordo com a sua idade-n= 120

Categoria	Frequência	(%)
Jovens (menos de 39 anos)	1	0.83
Idade média (39-59 anos)	79	65.83
Idoso (acima de 59 anos)	40	33.33
Total	120	100.00

Média= 57, S.d. = 12

O quadro 4.1.1 acima reflecte a distribuição dos inquiridos de acordo com a sua idade. No presente estudo, o estatuto etário dos inquiridos foi classificado em três categorias: jovem (menos de 39 anos), médio (entre 39 e 59 anos) e idoso (mais de 59 anos). No presente

34

estudo, verificou-se que a maioria dos inquiridos pertencia ao grupo da "meia-idade" (65,83%), seguido do grupo dos "idosos" (33,33%) e do grupo dos "jovens agricultores" (0,83%).

4.1.2 Casta

Tabela - 4.1.2 Distribuição dos inquiridos de acordo com a sua casta. n= 120

Categoria	Frequência	(%)
SC	8	6.67
ST	0	0
OBC	5	4.17
GEN	107	89.17
TOTAL	120	100

A tabela 4.2 acima mostra que a maioria dos 5 inquiridos (4,17%) pertencia a outras castas atrasadas (OBC), seguidos de 8 inquiridos (6,67%) da casta registada, 0 inquiridos (0%) da tribo registada e 107 inquiridos (89,17%) da casta geral.

4.1.3 Educação

A educação é a caraterística mais importante que pode afetar a atitude da pessoa, a forma de ver e de compreender qualquer fenómeno social específico. De certa forma, a resposta de um indivíduo é suscetível de ser determinada pelo seu estatuto educativo e, por conseguinte, torna-se imperativo conhecer os antecedentes educativos dos inquiridos. Durante a investigação do inquérito, os dados relativos ao nível de educação foram registados com a pontuação de analfabeto (1), sabe ler e escrever (2), ensino primário (3), ensino secundário (4) e superior (5).

Tabela- 4.1.3 Distribuição dos inquiridos de acordo com as suas habilitaçõesn= 120

Categoria	Frequência	(%)
Analfabeto	1	0.83
Sabe ler e escrever	0	0
Primário	15	12.50
Secundário	85	70.83
Acima	19	15.83
Total	120	100

A partir da tabela acima, pode observar-se que a maioria dos inquiridos na presente área de estudo tem um nível de ensino secundário, ou seja, 70,83%. 15,83% deles têm mais do que o nível secundário de educação, 12,50% deles passaram o nível primário e apenas 0,83% dos inquiridos são analfabetos.

4.1.4 OCUPAÇÃO

Tabela - 4.1.4 Distribuição dos inquiridos de acordo com a sua profissão.

Categoria	Frequência	(%)
Apenas agricultura	43	33.83
Agricultura e lacticínios	18	15
Agricultura e artesanato	5	5.17
Outros	54	45
Total	120	100

No quadro acima, a distribuição dos inquiridos é dada de acordo com a sua ocupação, o que mostra que, dos 120 inquiridos, a maioria 54 (ou seja, 45%) tem apenas outro tipo de ocupação principal, entre os quais 43 (ou seja, 33,83%) dos inquiridos têm apenas a agricultura como ocupação principal, 18 (ou seja, 15%) dos inquiridos têm a agricultura e a criação de gado leiteiro e 5 (ou seja, 5,17%) dos inquiridos têm a agricultura e o artesanato.

4.1.5 Tamanho da família.

A dimensão da família refere-se ao número de membros presentes na família de um agricultor individual. Os inquiridos foram classificados de acordo com a dimensão da sua família em três categorias, com base na média e no desvio-padrão.

Tabela 4.1.5- Distribuição dos inquiridos segundo a dimensão da família: n=120

Categoria	Frequência	(%)
Pequeno (inferior a 5)	41	34.17
Médio (entre- 5 e 9)	62	51.67
Grande (acima de 9)	17	14.17
Total	120	100

Média=7, sd=2

A tabela acima apresenta a distribuição dos inquiridos em três tamanhos de família: pequena, média e grande. O resultado mostra que a maioria dos inquiridos (51,67%) pertencia a uma família de tamanho médio, ou seja, entre 5 e 9 pessoas. 34,17% dos inquiridos pertenciam à categoria de família pequena (inferior a -5) e apenas 14,17% dos inquiridos pertenciam à categoria de família grande, que é superior a -9.

4.1.6 Experiência agrícola geral

Quadro 4.1.6 - Distribuição dos inquiridos de acordo com a sua experiência agrícola geral
n=120

Categoria	Frequência	(%)
Menos (menos de 22 anos)	16	13.33
Moderado (entre 22 e 50 anos)	80	66.27
Altamente (acima de 50 anos)	24	20
Total	120	100

Média=36, sd=14

O quadro acima reflecte a distribuição dos inquiridos de acordo com a sua experiência agrícola geral. No presente estudo, a experiência dos inquiridos foi categorizada em 3 categorias: menos, moderada e muito experiente. O quadro acima mostra que, de um total de 120 inquiridos, a maioria dos 80 inquiridos (66,27%) tem uma experiência moderada, 24 inquiridos (20%) têm uma experiência elevada e 16 inquiridos (13,33%) têm uma experiência moderada na agricultura em geral, respetivamente.

4.1.7 Participação social

Tabela-4.1.7 Distribuição dos inquiridos de acordo com a participação social n=120

Categoria	Frequência	(%)
Baixo (inferior a 4)	0	0
Médio (entre 4-6.)	115	95.84
Elevado (acima de 6.)	5	4.16
Total	120	100

Média=5 , Sd=1

A participação social foi conceptualizada como a participação do inquirido numa instituição social como membro de uma lista de instituições sociais relacionadas. Observa-se que, dos 120 inquiridos, a maioria, ou seja, 115 inquiridos (95,84%), tem um nível médio de participação social.

4.1.8 Dimensão da exploração

Tabela - 4.1.8 Distribuição dos inquiridos de acordo com a dimensão da sua exploração. n=120

Categoria	Frequência	(%)
Baixo (inferior a 8.)	11	9.17
Médio (entre 8-20.)	92	76.67
Alta (acima de -20)	17	14.17
Total	120	100

Média=14, sd=6

É evidente a partir da tabela acima que a maioria dos inquiridos tem uma exploração agrícola de dimensão média, ou seja, 76,67%. 14,17% dos inquiridos têm explorações de dimensão elevada e 9,17% dos inquiridos têm explorações de dimensão reduzida, respetivamente.

4.1.9 Máquinas agrícolas e equipamento agrícola

Tabela -4.1.9 Distribuição dos inquiridos de acordo com o seu equipamento agrícola. n= 120

Máquinas agrícolas	Propriedade		Contratado	
	Frequência	(%)	Frequência	(%)
Trator	10	8.33	110	91.67
Carrinho	36	30	84	70
Colheitadeira	5	4.17	115	95.84
Debulhador	36	30	84	70

A tabela acima revela que 91,67% dos inquiridos alugaram um trator e apenas 8,33% possuíam o seu próprio trator. A maioria dos inquiridos, 98,84%, alugou uma ceifeira como máquina agrícola e apenas 4,17% dos restantes inquiridos possuíam a sua própria ceifeira. Verificou-se também que 70% dos inquiridos tinham alugado carroça e debulhadora e 30% dos inquiridos tinham carroça e debulhadora próprias. O estudo também revelou que a maioria dos inquiridos alugou máquinas agrícolas por necessidade.

4.1.10 Rendimento anual

Quadro-4.1.10 Distribuição dos inquiridos de acordo com o rendimento por hectare n= 120

Sl não.	Categoria (Qtl / acre)	Frequência	(%)
1.	Baixo (inferior a 4)	78	65
2.	médio (entre 4 e 4)	18	15
3.	Elevado (superior a 4)	24	20
4.	Total	120	100.00

Média= 04 s.d.= 0

É evidente a partir da tabela acima que 65% dos inquiridos pertenciam à categoria de rendimento anual baixo, ou seja, inferior a 4. 20% dos inquiridos pertenciam à categoria de rendimento anual elevado. E apenas 15% dos inquiridos pertenciam à categoria de rendimento médio, ou seja, superior a 4.

4.1.11 Rendimento anual

Tabela - 4.1.11 Distribuição dos inquiridos de acordo com o rendimento anual n= 120

Sl. no.	Categoria de rendimento	Frequência	(%)
1.	Baixo (abaixo de 36705.)	18	15
2.	Médio (entre 36705-74555.)	83	69.17
3.	Alta (acima de 74555.)	19	15.83

Média= 55630 d.s .= 18925

É evidente na tabela acima que 69,17% dos inquiridos pertenciam à categoria de rendimento médio, que se situa entre 36705□- 74555□. 15,83% dos inquiridos pertenciam à categoria de rendimentos elevados, ou seja, acima de 74555□. E apenas 15% dos inquiridos pertenciam à categoria de rendimentos baixos, ou seja, abaixo de 36705□.

4.1.12 Acesso ao mercado e ao crédito

Tabela - 4.1.12 Distribuição dos inquiridos de acordo com o seu mercado e crédito.

Categoria	Frequência	(%)
Acesso ao mercado	119	99.17
Acesso ao crédito	89	77.17

A tabela acima mostra que quase todos os inquiridos, 99,17%, tinham acesso ao mercado e que a maioria dos inquiridos, ou seja, 77,17%, tinha acesso ao crédito.

4.2 FONTES DE INFORMAÇÃO UTILIZADAS PELOS PRODUTORES DE ARROZ:

Neste estudo, foram identificadas as diferentes fontes de informação utilizadas pelos inquiridos. Os dados foram registados relativamente à utilização de vários tipos de informação, nomeadamente televisão, rádio, jornal, Internet, e-mail pessoal e organizacional, telemóvel, Krishi mela/Exposição, publicações de extensão, folhetos e panfletos, programas de extensão e formação em extensão. O estudo foi efectuado e os resultados são apresentados no quadro.

Quadro 4.2.1 Distribuição dos inquiridos de acordo com a exposição aos meios de comunicação social n= 120

Sl. no.	Fontes de informação utilizadas pelos agricultores	Pontuação média	Classificação
1.	T.V.	1.78	III
2.	Rádio	1.28	VII
3.	Jornal de notícias	1.93	I
4.	Internet	1.09	IX
5.	Correio eletrónico - a) pessoal	1.00	XII
	b) organizacional	1.04	X
6.	Telemóvel	1.44	V
7.	Krishi mela/Exposição	1.70	IV
8.	Publicações de extensão	1.04	X
9.	Folheto e panfleto	1.91	II
10.	Programas de extensão	1.27	VIII
11.	Formação em extensão	1.44	V

Através da pontuação média e da classificação, a tabela acima mostra claramente que o jornal foi a principal fonte de informação utilizada por cento dos inquiridos, tendo adquirido a primeira posição entre as outras fontes de comunicação social. O folheto e o panfleto ocuparam a segunda e terceira posições, seguidos da feira agrícola, que ocupa a quarta posição, do telemóvel, que ocupa a quinta posição, e do e-mail organizacional, que ocupa a última posição.

Tabela - 4.2.2 Distribuição dos inquiridos com base na sua utilização das fontes de informação cosmopolitas:

n=120			
Sl. no.	Cosmopolita	Pontuação média	Classificação
1.	Extensionista	1	VIII
2.	SMS	1.09	VI
3.	Responsável pela extensão do círculo	1	VIII
4.	ADO subdivisional/bloco	1.67	III
5.	Qualquer outro pessoal do Bloco/Agri. Dept.	1.91	II
6.	Perito universitário em agricultura	1.29	IV
7.	ONG	1.09	VI
8.	Fornecedor de entradas	1.96	I
9.	Cooperativa	1.15	V
10.	Responsável distrital pela horticultura	1	VIII

Existem muitas agências envolvidas na divulgação de informações sobre o cultivo de arroz. Assim, o estudo foi concebido para medir a utilização de fontes de informação cosmopolitas pelos produtores de arroz na área de estudo selecionada. Através de uma classificação de pontuação média, verificou-se que os inquiridos indicaram que o fornecedor de insumos é a fonte de informação cosmopolita mais preferida por eles e ficou em primeiro lugar. E a segunda fonte cosmopolita mais comum é o departamento agrícola. Por fim, o responsável distrital pela horticultura, o responsável pela extensão e o responsável pela extensão do círculo ficaram todos em último lugar.

Tabela - 4.2.3 Distribuição dos inquiridos com base na sua utilização das fontes de informação locais:n= 120

Sl. no.	Localidade	Pontuação média	Classificação
1.	Líder da aldeia	1.12	V
2.	Gram pradhan	1.37	IV
3.	Professor da aldeia	1.09	VI
4.	Panchayat	1.60	III
5.	Amigos/Relacionados/Vizinhos	1.98	I
6.	Agricultores experientes e progressistas	1.89	II

Os dados apresentados no quadro acima baseiam-se na classificação da pontuação média de acordo com a utilização de fontes de informação locais pelos produtores de arroz. Verificou-se que a maioria dos inquiridos utilizou informações de amigos e ficou em primeiro lugar. A maioria dos inquiridos utilizou informações de agricultores experientes ou progressistas. E, por último, o professor da aldeia.

4.3 PREFERÊNCIA DOS PRODUTORES DE ARROZ PELAS FONTES DE INFORMAÇÃO

O padrão das fontes de informação utilizadas pelos inquiridos foi estudado em termos da sua frequência de contacto com diferentes fontes de informação. As pontuações médias e o método de classificação foram utilizados para compreender a preferência dos produtores de arroz em relação à fonte de informação.

4.3.1 Distribuição dos inquiridos com base na sua preferência pela exposição aos meios de comunicação social: n= 120

Sl. no.	Fontes de informação utilizadas pelos agricultores	Pontuação média	Classificação
1.	T.V.	3.02	II
2.	Rádio	1.41	IX
3.	Jornal de notícias	2.57	IV
4.	Internet	1.17	IX
5.	Correio eletrónico a) pessoal	1.08	XI
	b) organizacional	1	XII
6.	Telemóvel	2.44	V
7.	Feira agrícola/Exposição	2.70	III
8.	Publicações de extensão	1.57	VIII
9.	Folheto e panfleto	3.71	I
10.	Programas de extensão	1.89	VI
11.	Formação em extensão	1.87	VII

A tabela acima mostra a preferência dos inquiridos pela utilização das fontes de informação. Observa-se que o folheto e o panfleto foram classificados em primeiro lugar na preferência dada pelos inquiridos, uma vez que obtiveram a pontuação média mais elevada, 3,71, seguidos da televisão, 3,02, e da feira agrícola, 2,70, que ficaram em segundo e terceiro lugares, respetivamente. E outras fontes de informação, como o jornal 2,57 e o telemóvel 2,44, estão todas classificadas como IV, V, VI, VII, VIII, IX, X, XI, II, respetivamente.

Tabela - 4.3.2 Distribuição dos inquiridos com base na sua preferência pelas fontes de informação cosmopolitas:n=120

Sl. no.	Cosmopolita	Pontuação média	Classificação
1.	Extensionista	1.73	VI
2.	SMS	1.72	VII
3.	Responsável pela extensão do círculo	1.42	IX
4.	ADO subdivisional/bloco	2.90	III
5.	Qualquer outro pessoal do Bloco/Agri. Dept.	3.80	II
6.	Perito universitário em agricultura	2.93	IV
7.	ONG	2.23	V
8.	Fornecedor de entradas	3.83	I
9.	Cooperativa	1.63	VIII
10.	Responsável distrital pela horticultura	1.31	X

A partir da tabela acima, é evidente que o fornecedor de insumos, qualquer outro pessoal do Block/Agri. Deptt, Sub-divisional/Block ADO são classificados como I, II, III com uma pontuação média de 3,83, 3,80, 2,90 respetivamente, o que indica que os inquiridos costumavam visitar esta fonte de informação, tal como descrito acima. Os outros canais de fontes de informação também são preferidos pelos inquiridos, mas em menor grau.

Tabela - 4.3.3 Distribuição dos inquiridos com base na sua preferência pelas fontes de informação locais:

n= 120			
Sl. no.	Localidade	Pontuação média	Classificação
1.	Líder da aldeia	2.13	V
2.	Gram pradhan	2.48	IV
3.	Professor da aldeia	1.81	VI
4.	Panchayat	2.83	III
5.	Amigos/Relacionados/Vizinhos	3.84	I
6.	Agricultores experientes e progressistas	3.58	II

Os dados apresentados no quadro acima baseiam-se na classificação da pontuação média de acordo com a utilização de fontes de informação locais pelos produtores de arroz. Verificou-se que a maioria dos inquiridos utilizou informações de amigos e ficou em primeiro lugar. A maioria dos inquiridos utilizou informações de agricultores experientes ou progressistas. E, por último, o professor da aldeia.

4.4   NECESSIDADES DE INFORMAÇÃO SOBRE A CULTURA DO ARROZ EXPRESSAS PELOS AGRICULTORES

A distribuição dos produtores de arroz de acordo com as suas necessidades de informação é apresentada e discutida do seguinte modo

4.4.1 Necessidades de informação expressas em relação à entrada

A distribuição dos produtores de arroz de acordo com as suas necessidades de informação é apresentada e discutida a seguir:

Tabela - 4.4.1 Distribuição dos inquiridos de acordo com as necessidades de informação que expressaram relativamente aos factores de produção da cultura do arroz.

Relacionado com a entrada	Pontuação média	Classificação
Sementes e variedades	3.81	II
Transplantação de plântulas	2.82	IV
Fertilizante	3.75	III
Pesticidas	3.87	I
Equipamento	2.55	V
Agril. Empresa de factores de produção	1.75	VI

A tabela acima mostra que os agricultores queriam obter mais informações sobre pesticidas, pelo que obtiveram a pontuação média mais elevada (3,87) e ficaram em primeiro lugar, enquanto as sementes e as variedades obtiveram 3,81 e ficaram em segundo lugar (nd), respetivamente. E, por fim, a empresa de factores de produção agrícola ficou classificada em último lugar. 4.4.2 Necessidades de informação relacionadas com a produção na cultura do arroz

Tabela - 4.4.2 Distribuição dos inquiridos de acordo com as suas necessidades de informação relacionadas com a produção em cultura de arroz.

Relacionado com a produção	Pontuação média	Classificação
Fertilidade do solo	3.70	III
Tempo e clima	3.77	II
Época correcta de sementeira e transplantação	2.85	IX
Aplicação de FYM	2.38	XIII
Preparação do terreno	2.97	VII
Tratamento de sementes	2.66	XI
Espaçamento	2.58	XII
Irrigação	3.29	V
Transplantação de plântulas	2.97	VII
Aplicação de fertilizantes	3.11	VI
Gestão de pragas e doenças	3.92	I
Tillering	3.68	IV
Colheita	2.84	X
Gestão pós-colheita	1.98	XIV
Debulha e armazenagem	1.92	XV

É evidente, a partir da tabela acima, que as necessidades de informação sobre a gestão de pragas e doenças são as mais exigidas, tendo a pontuação média sido de 3,92 e classificada em 1º lugar, o tempo e o clima, e a fertilidade do solo em 2º e 3º lugares, respetivamente. E a debulha e o armazenamento obtêm uma pontuação média de 1,92 e ocupam o 15º lugar.

4.4.3 Necessidades de informação relacionadas com o mercado da cultura do arroz

As necessidades de extensão dos produtores de cebola relacionadas com o mercado, incluindo as instalações de armazenamento, os conhecimentos científicos sobre classificação e embalagem, a disponibilidade do mercado, a oferta e a procura no mercado, a informação sobre o mercado, o preço de mercado, a exportação e o transporte da cebola, são apresentadas e discutidas a seguir.

Tabela - 4.4.3 Distribuição dos inquiridos de acordo com as suas necessidades de informação relacionadas com o mercado na cultura do arroz.

Relacionado com o mercado	Pontuação média	Classificação
Armazém	2.05	V
Conhecimentos científicos em matéria de classificação e acondicionamento	1.57	VI
Disponibilidade no mercado	2.17	IV
Oferta e procura no mercado	2.66	III
Informações sobre o mercado	3.08	II
Preço de mercado	3.61	I
Exportação e transporte	1.39	VII

A tabela acima mostra que os inquiridos precisam sobretudo de informações relacionadas com o preço de mercado, obtendo uma pontuação média de 3,61 e ficando em primeiro lugar, enquanto as informações sobre o mercado e a oferta e procura de mercado ficaram em segundo e terceiro lugares, respetivamente.

4.5 Análise de regressão múltipla

A análise de regressão múltipla da relação entre as características socioeconómicas dos produtores de cebola e as necessidades de informação é apresentada e discutida neste ponto. As características socioeconómicas dos inquiridos, nomeadamente a idade (X1), a casta (X2), o nível de instrução (X3), a profissão (X4), a dimensão da família (X5), a experiência agrícola geral (X6), a participação social (X7), a dimensão da exploração (X8), as máquinas e os equipamentos agrícolas (X9), o rendimento anual/ha (X10), O rendimento anual (X11), o acesso ao mercado (X12) e o acesso ao crédito (X13) foram considerados variáveis independentes, enquanto as necessidades de informação relacionadas com os factores de produção (Y1), a produção (Y2) e o mercado (Y3) foram consideradas variáveis dependentes.

Quadro -4.5.1 Análise de regressão das variáveis socioeconómicas sobre as necessidades de informação dos produtores de arroz em relação aos factores de produção.

Sl. não.	Características	Coeficientes não padronizados		Coeficientes normalizados	T	Sig.
		B	Erro Std.	Beta		
	Constante	15.632	3.917		3.991	.000
1	Idade	.004	.011	.037	.353	.725
2	Casta	.243	.175	.145	1.389	.168
3	Nível de escolaridade	-.114	.281	-.053	-.405	.686
4	Ocupação	-.004	.114	-.004	-.037	.970
5	Tamanho da família	.011	.084	.016	.128	.899
6	Experiência agrícola geral	.007	.011	.075	.656	.513
7	Participação social	.523	.308	.249	1.697	.093
8	Dimensão da exploração	.001	.046	.006	.030	.976
9	Equipamento agrícola	-.315	.216	-.231	-1.457	.148
10	Rendimento anual/acre	.236	.421	.076	.560	.577
11	Rendimento anual	8.754E-6	.000	.129	.734	.465
12	Acesso ao mercado	-.453	1.637	-0.32	-.277	.783
13	Acesso ao crédito	-.157	.450	-0.53	-.349	.728

Nota-*=5% de nível de significância,**=1% de nível de significância Onde,
$R=0{,}277$ $R2=0{,}077$ $F=0{,}678$ $P=0{,}781$

O quadro "f" acima apresentado indica que não existe qualquer efeito das características socioeconómicas na variável dependente e que todas as variáveis independentes não são significativas.

Quadro -4.5.2 Análise de regressão das variáveis socioeconómicas sobre as necessidades de informação dos produtores de arroz relacionadas com a produção.

Sl. no.	Características	Coeficientes não padronizados		Coeficientes normalizados	T	Sig
		B	Std. Erro	Beta		
	Constante	57.183	6.254		9.144	.000
1	Idade	-.019	.017	-.106	-1.110	.269
2	Casta	-.470	.280	-.160	-1.680	.096
3	Nível de escolaridade	-.497	.449	-.133	-1.105	.272
4	Ocupação	.372	.182	.227	2.051	.043*
5	Tamanho da família	-.245	.134	-.210	-1.826	.071
6	Experiência agrícola geral	-.004	.017	-.028	-.264	.792
7	Participação social	-.276	.492	-.075	-.560	.577
8	Dimensão da exploração	.056	.073	.142	.765	.446
9	Equipamento agrícola	.081	.345	.034	.234	.816
10	Rendimento anual/acre	.455	.673	.084	.677	.500
11	Rendimento anual	8.539E-7	.000	.007	.045	.964
12	Acesso ao mercado	-5.713	2.613	-.232	-2.186	.031*
13	Acesso ao crédito	-1.504	.718	-.294	-2.093	.039*

Nota. *=5% de nível de significância, **1% de nível de significância

Onde, R=.475 R^2=.225 F=2.371 P=.008

A partir da tabela acima, o valor F indica a relação moderada entre as variáveis independentes e dependentes. Verifica-se que apenas três variáveis independentes, ou seja, a atividade profissional (t=2,051, p<0,05), o acesso ao mercado (t=-2,186, p<0,05) e o acesso ao crédito (t=-2,093, p<0,05), contribuíram de forma positiva e significativa para as necessidades de informação relacionadas com a produção. Isto implica que quanto maior for o número de ocupações e quanto maior for o acesso ao mercado e ao crédito, maiores serão as necessidades de informação relacionadas com a produção. As outras variáveis independentes consideradas não foram consideradas significativas.

Quadro -4.5.3 Análise de regressão das variáveis socioeconómicas sobre as necessidades de informação dos produtores de arroz em relação ao mercado.

Sl. no.	Características	Coeficientes não padronizados		coeficientes padronizados	T	Sig
		B	Erro Std.	Beta		
	Constante	14.089	4.488		3.139	.002
1	Idade	-.003	.012	-.026	-.281	.779
2	Casta	.105	.201	.049	.523	.602
3	Nível de escolaridade	.234	.322	.086	.726	.469
4	Ocupação	-.153	.130	-.127	-1.171	.244
5	Tamanho da família	-.088	.096	-.103	-.913	.363
6	Experiência agrícola geral	-.021	.012	-.182	-1.772	.079
7	Participação social	-.291	.353	-.109	-.823	.412
8	Dimensão da exploração	.119	.053	.411	2.253	.026*
9	Equipamento agrícola	-.055	.248	-.032	-.221	.826
10	Rendimento anual/acre	.049	.483	.012	.102	.919
11	Rendimento anual	-2.810E-5	.000	-.324	-2.055	.042*
12	Acesso ao mercado	4.642	1.875	.258	2.476	.015*
13	Acesso ao crédito	-.081	.516	-.022	-.157	.876

Nota. *=5% de nível de significância, **1% de nível de significância Onde,

$R=.501$ $R^2=.251$ $F=2.729$ $P=.002$

A partir do quadro acima, é evidente que as variáveis independentes, ou seja, a dimensão da exploração agrícola (t=2,253, p<0,05), o rendimento anual (t=-2,055,p<0,05), o acesso ao mercado (t=2,476,p<005), contribuíram significativamente para as necessidades de informação relacionadas com o mercado. Isto implica que a dimensão da exploração, o rendimento anual e o acesso ao mercado aumentam as necessidades de informação relacionadas com o mercado. Por conseguinte, verifica-se que os inquiridos têm maiores necessidades de informação relacionadas com o mercado.

4.5 CONSTRANGIMENTOS ENFRENTADOS PELOS PRODUTORES DE ARROZ

Quadro - 4.5.1 preferência dos inquiridos pelos condicionalismos económicos relacionados
com o cultivo do arroz

n= 120			
SL. não.	Condicionalismos económicos	Pontuação média	Classificação
1.	Custo elevado dos factores de produção	3.73	I
2.	Falta de disponibilidade atempada de fundos para a aquisição de factores de produção.	2.17	IX
3.	Falta de um preço remunerador adequado para a produção.	3.22	V
4.	Falta de meios de comercialização adequados.	3.06	VII
5.	Não existência de seguro quando a produção de arroz falha.	2.63	VIII
6.	Lucro reduzido devido à doença.	3.61	III
7	Lucro reduzido devido à erva daninha	3.10	VI
8	Pouco lucro devido a roedores	3.62	II
9	Lucro reduzido devido a pragas	3.56	IV

A tabela acima indica que, entre os diferentes constrangimentos económicos enfrentados pelos produtores de arroz, o elevado custo dos factores de produção, com uma pontuação média de 3,73, foi classificado em primeiro lugar pelos inquiridos, seguido do baixo lucro devido a roedores, com uma pontuação média de 3,62, e do baixo lucro devido a doenças, em segundo e terceiro lugares. E, por último, a falta de disponibilidade atempada de fundos para organizar a pontuação média de entrada foi de 2,17 e ficou em último lugar.

Quadro - 4.5.2 preferência dos inquiridos pelos condicionalismos tecnológicos relacionados
com a cultura do arroz n= 120

SL. não.	Limitações tecnológicas	Média pontuação	Classificação
1.	Falta de conhecimentos sobre a plantação de arroz.	2.18	IV
2.	Falta de variedades melhoradas de arroz	3.05	I
3.	Disponibilidade atempada de fósforo.	2.54	II
4.	Indisponibilidade de azoto em quantidade suficiente.	2.38	III
5.	Falta de instalações de armazenamento.	1.17	VI
6.	Falta de gestão contabilística.	1.18	VII
7.	Falta de conhecimentos sobre a IPM/INM	2.04	V

É evidente a partir da tabela acima que, entre os diferentes constrangimentos tecnológicos enfrentados pelos produtores de paddy, a falta de variedades melhoradas de paddy obtém uma pontuação média de 3,05 e fica em primeiro lugar, a disponibilidade atempada de azoto tem uma pontuação média de 2,54 e a indisponibilidade de azoto em quantidade suficiente tem uma pontuação média de 3,38 e fica em terceiro lugar, respetivamente.

Tabela - 4.5.3 preferência dos inquiridos pelos constrangimentos relacionados com a extensão na cultura da cebolan= 120

SL. não	Extensão relacionada com as restrições	Média pontuação	Classificação
1.	Analfabetismo.	1.63	XVI
2.	Disponibilidade de sementes na altura.	2.39	XII
3.	Falta de conhecimento das tecnologias recentes.	2.57	X
4.	Falta de tempo.	2.26	XIII
5.	Falta de conhecimento dos programas de extensão.	2.93	VI
6.	Falta de interesse pela formação.	2.84	IX
7.	Falta de um local adequado para as actividades de extensão.	3.16	III
8.	Falta de incentivos	3.04	V
9.	Aproximação ao extensionista.	2.54	XI
10.	Falta de meios de comunicação à porta dos agricultores.	3.73	II
11.	Falta de mecanismos para transmitir as informações relativas à cultura de arroz ao extensionista	2.09	XV
12.	Conhecimento inadequado do extensionista.	2.17	XIV
14.	A visita do extensionista/cientista e Os VLW não são regulares.	3.89	I
15.	Falta de serviços de informação.	3.14	IV
16.	Informações não actuais ou demasiado antigas.	2.91	VIII
17.	Demonstração inadequada de novas tecnologias.	2.93	VI

A tabela acima revelou que a visita irregular do extensionista/cientista e dos VLWs foram os principais constrangimentos relacionados com a extensão enfrentados pela maioria dos inquiridos com uma pontuação média de 3,89, o segundo maior constrangimento enfrentado foi a falta de meios de comunicação à porta dos agricultores entre os inquiridos com uma pontuação média de 3,73 e a falta de local adequado para as actividades de extensão foi o terceiro com uma pontuação média de 3,16. Alguns outros constrangimentos também são encontrados aqueles que têm a pontuação média de mais de 2 foram Disponibilidade de sementes no momento, Falta de conhecimento sobre tecnologias recentes, Falta de tempo,

Falta de conscientização sobre programas de extensão, Falta de interesse em treinamento, Falta de incentivos, Abordagem ao extensionista, Falta de mecanismo para transmitir informações relacionadas ao cultivo de arroz à pessoa de extensão, Conhecimento inadequado do extensionista, Falta de serviços de informação, Informações não atuais ou muito antigas, Demonstração inadequada de novas tecnologias.etc.

CAPÍTULO-5

RESUMO E CONCLUSÃO

O presente capítulo apresenta o resultado exato do trabalho de investigação, explicando certos pormenores através da interpretação subsequente dos resultados. O arroz (Oryza Sativa L.) pertence à família Poaceae e tem sido a espinha dorsal da economia agrícola da Índia desde tempos imemoriais. Sendo um cereal, é a cultura de base mais consumida por uma grande parte da população mundial, especialmente na Índia e em Bengala Ocidental. É o produto agrícola com a terceira maior produção mundial, a seguir à cana-de-açúcar e ao milho, de acordo com dados de 2012 (FAOSTAT). A informação desempenha um papel importante no domínio do desenvolvimento agrícola, informando os agricultores sobre as novas técnicas agrícolas. Ajudam a reduzir a distância entre os resultados da investigação e a sua aplicação pelos agricultores. Chegou-se a uma fase em que não se pode aplicar hoje o método de ontem e estar em atividade amanhã. A agricultura alcançou um estatuto de empresa comercial. Por conseguinte, os agricultores necessitam das informações mais recentes sobre as investigações em curso, as últimas variedades desenvolvidas, os métodos de aplicação de fertilizantes, os métodos de tratamento e inoculação de sementes, as novas técnicas de irrigação, as técnicas de proteção das plantas, o novo conceito de IPM e INM e as novas técnicas de proteção das plantas, etc. O aumento da produtividade é o veículo para o desenvolvimento do sector do arroz. A produção de arroz pode ser aumentada quer através do aumento da área cultivada de arroz, quer através do aumento da produtividade do cultivo atual. Dada a pressão sobre as terras agrícolas e a concorrência de outras culturas mais lucrativas, pode ser difícil aumentar significativamente a área cultivada com arroz. A única solução consiste, portanto, em aumentar a produtividade da área atualmente cultivada. A aquisição de informação sempre foi considerada como um fator que desempenha um papel importante na formação do comportamento humano, levando à decisão de adotar uma inovação. A difusão maciça de informação pode desempenhar um papel importante no aumento da adoção de tecnologia. A preparação de um bom conteúdo de informação sobre a cultura do arroz é possível com base nas necessidades reais de informação dos agricultores. O conteúdo baseado nas necessidades reais dos utilizadores criará interesse entre eles para o aplicar na prática (Mehta, 2003). Com vista a apoiar um grupo mais vasto de produtores de arroz com informação agrícola no futuro, o presente estudo foi realizado com o objetivo específico de determinar as necessidades de informação dos produtores de arroz. Por conseguinte, é muito necessário compreender e obter uma melhor compreensão das necessidades dos agricultores em termos de serviços de informação sobre a cultura do arroz, o que será útil para os produtores de arroz, extensionistas, cientistas, administradores e planeadores. Tendo isto em conta, o presente estudo foi realizado com o seguinte conjunto de objectivos:

5.1 Objectivos

1. Estudar o perfil socioeconómico dos produtores de arroz na área de estudo.
2. Determinar a fonte de informação utilizada pelo inquirido.
3. Aceder às necessidades de informação dos inquiridos na área de estudo.

4. Analisar os vários constrangimentos enfrentados pelos produtores de arroz na zona de estudo.

A área de investigação deste estudo situa-se no bloco de Chhatna do distrito de Bankura, que está situado na zona agrícola vermelha e laterítica do estado de Bengala Ocidental, na Índia. Era muito difícil efetuar um estudo tão intensivo em todo o estado de Bengala Ocidental com tempo e recursos limitados à disposição do investigador. Por conseguinte, apenas o bloco de Chhatna do distrito de Bankura foi tomado em consideração para o presente estudo. O estudo foi realizado num conjunto de três aldeias, nomeadamente, kamarkuli, jadavpur e jamadarpara. Os dados foram recolhidos pessoalmente com a ajuda de um calendário de entrevistas estruturado junto de todos os inquiridos seleccionados durante o mês de fevereiro de 2017. As variáveis da investigação foram medidas através da utilização de selos adequados e do método de classificação por pontuação. Foram aplicadas estatísticas adequadas para a análise dos dados.

5.2 RESULTADOS DA NAVEGAÇÃO

▶ A maioria dos inquiridos pertencia ao grupo "meia-idade" (65,83%), seguido do grupo "idosos" (33,33%) e do grupo "jovens agricultores" (0,83%).

▶ Entre os 120 inquiridos, 5 inquiridos (4,17%) pertenciam a outras castas atrasadas (OBC), seguidos de 8 inquiridos (6,67%) da casta registada, 0 inquiridos (0%) da tribo registada e 107 inquiridos (89,17%) da casta geral.

▶ Observou-se que a maioria dos inquiridos na presente área de estudo possuía o nível secundário de ensino, ou seja, 70,83%. 15,83% deles têm mais do que o nível secundário de educação, 12,50% deles passaram o nível primário e apenas 0,83% dos inquiridos são analfabetos.

▶ Dos 120 inquiridos, a maioria, 54 (ou seja, 45%), tem apenas outro tipo de ocupação principal, dos quais 43 (ou seja, 33,83%) têm apenas a agricultura como ocupação principal, 18 (ou seja, 15%) dos inquiridos têm como ocupação a agricultura e a criação de gado leiteiro e 5 (ou seja, 5,17%) dos inquiridos têm como ocupação a agricultura e o artesanato.

▶ A maioria dos inquiridos (51,67%) pertencia a uma família de dimensão média, ou seja, entre 5 e 9. 34,17% dos inquiridos pertenciam à categoria de família pequena (inferior a -5) e apenas 14,17% dos inquiridos pertenciam à categoria de família grande, ou seja, superior a -9.

▶ Dos 120 inquiridos, a maioria, 80 inquiridos (66,27%), tem uma experiência moderada, 24 inquiridos (20%) têm uma experiência elevada e 16 inquiridos (13,33%) têm uma experiência moderada na agricultura em geral, respetivamente.

▶ Dos 120 inquiridos, a maioria, ou seja, 115 inquiridos (95,84%), tem um nível médio de participação social.

▶ A maioria dos inquiridos tem uma exploração agrícola de dimensão média, ou seja, 76,67%. 14,17% dos inquiridos têm explorações de dimensão elevada e 9,17% dos inquiridos têm explorações de dimensão reduzida, respetivamente.

▶ Revela que 91,67% dos inquiridos tinham alugado um trator e apenas 8,33% possuíam o seu próprio trator e que a maioria dos inquiridos, 98,84%, tinha alugado uma ceifeira como maquinaria agrícola e apenas 4,17% dos restantes inquiridos possuíam a sua própria ceifeira.

Verificou-se também que 70% dos inquiridos tinham alugado carroça e debulhadora e 30% dos inquiridos tinham carroça e debulhadora próprias. O estudo também revelou que a maioria dos inquiridos alugou máquinas agrícolas por necessidade.

▶ 65% dos inquiridos pertenciam à categoria de rendimento anual baixo, ou seja, inferior a 4. 20% dos inquiridos pertenciam à categoria de rendimento anual elevado. E apenas 15% dos inquiridos pertenciam à categoria média, ou seja, acima de 4.

▶ 69,17% dos inquiridos pertenciam à categoria de rendimento médio, ou seja, entre 36705□-74555□. 15,83% dos inquiridos pertenciam à categoria de rendimento elevado, ou seja, acima de 74555□. E apenas 15% dos inquiridos pertenciam à categoria de rendimentos baixos, ou seja, abaixo de 36705□.

▶ Quase todos os inquiridos, 99,17%, tinham acesso ao mercado e também a maioria dos inquiridos, ou seja, 77,17%, tinha acesso ao crédito.

▶ O jornal foi a principal fonte de informação utilizada por cento dos inquiridos, tendo adquirido a primeira posição entre as outras fontes de comunicação social. O folheto e o panfleto ocuparam a segunda e terceira posições, seguidos da feira agrícola, que ocupa a quarta posição, do telemóvel, que ocupa a quinta posição, e do e-mail organizacional, que ocupa a última posição.

▶ Os inquiridos indicaram que o fornecedor de factores de produção é a fonte de informação cosmopolita mais utilizada por eles, ccupando o primeiro lugar. E a segunda fonte cosmopolita mais comum é o departamento agrícola. Por fim, o responsável distrital pela horticultura, o responsável pela extensão e o responsável pela extensão do círculo estão todos em último lugar.

▶ A maioria dos inquiridos utilizou informações de amigos e classificou-se em primeiro lugar. A maioria dos inquiridos utilizou informações de agricultores experientes ou progressistas. E, por último, o professor da aldeia.

▶ Observa-se que a preferência dos inquiridos por folhetos e panfletos foi a primeira, uma vez que obteve a pontuação média mais elevada 3,71, seguida da televisão 3,02 e da feira agrícola 2,70, respetivamente em segundo e terceiro lugares.

▶ É evidente que o fornecedor de factores de produção, qualquer outro pessoal dos Departamentos de Blocos/Agri. Block/Agri. Subdivisional/Block ADO são classificados como I, II, III com uma pontuação média de 3,83, 3,80, 2,90 respetivamente, o que indica que os inquiridos costumavam visitar esta fonte de informação como descrito acima. Os outros canais de fontes de informação também são preferidos pelos inquiridos, mas em menor grau.

▶ A maioria dos inquiridos utilizou informações de amigos e classificou-se em primeiro lugar. A maioria dos inquiridos utilizou informações de agricultores experientes ou progressistas. E, por último, o professor da aldeia.

▶ Os agricultores queriam obter mais informações sobre pesticidas, pelo que obtiveram a pontuação média mais elevada (3,87) e ficaram em primeiro lugar, enquanto as sementes e as variedades obtiveram 3,81 e ficaram em segundo lugar, respetivamente. E, por fim, a empresa de factores de produção agrícola ficou classificada em último lugar.

▶ As necessidades de informação sobre a gestão de pragas e doenças são as que mais requerem, com uma pontuação média de 3,92, ocupando o 1º lugar; o tempo e o clima e a fertilidade do solo ocupam o 2º e o 3º lugar, respetivamente. E a debulha e o armazenamento obtiveram uma pontuação média de 1,92 e ficaram em 15º lugar.

▶ No que diz respeito ao preço de mercado, os inquiridos necessitam sobretudo de informações relacionadas com o mercado, obtendo uma pontuação média de 3,61 e classificando-se em primeiro lugar, enquanto as informações sobre o mercado e a oferta e procura de mercado se situam em segundo e terceiro lugares, respetivamente.

▶ Entre os diferentes constrangimentos económicos enfrentados pelos produtores de arroz, o elevado custo dos factores de produção, com uma pontuação média de 3,73, foi classificado em primeiro lugar pelos inquiridos, seguido do baixo lucro devido a roedores, com uma pontuação média de 3,62, e do baixo lucro devido a doenças, em segundo e terceiro lugares. E, por último, a falta de disponibilidade atempada de fundos para organizar a pontuação média de entrada foi de 2,17 e ficou em último lugar.

▶ Entre os diferentes constrangimentos tecnológicos enfrentados pelos produtores de arroz, a falta de variedades melhoradas de arroz obtém uma pontuação média de 3,05 e fica em primeiro lugar, a disponibilidade atempada de azoto obtém uma pontuação média de 2,54 e fica em segundo lugar e a indisponibilidade de azoto em quantidade suficiente obtém uma pontuação média de 3,38 e fica em terceiro lugar, respetivamente.

▶ a visita irregular do extensionista/cientista e dos VLWs foram os principais constrangimentos relacionados com a extensão enfrentados pela maioria dos inquiridos com uma pontuação média de 3,89, o segundo maior constrangimento enfrentado foi a falta de meios de comunicação à porta dos agricultores entre os inquiridos com uma pontuação média de 3,73 e a falta de um local adequado para as actividades de extensão foi o terceiro com uma pontuação média de 3,16.

▶ Não há efeito das características socioeconómicas na variável dependente; todas as variáveis independentes foram consideradas não significativas.

▶ A relação moderada entre as variáveis independentes e dependentes. Verificou-se que apenas três variáveis independentes, ou seja, a ocupação (t=2,051, p<0,05), o acesso ao mercado (t=-2,186, p<0,05) e o acesso ao crédito (t=-2,093, p<0,05), contribuíram de forma positiva e significativa para as necessidades de informação relacionadas com a produção.

▶ As variáveis independentes, ou seja, a dimensão da exploração (t=2,253, p<0,05), o rendimento anual (t=-2,055, p<0,05) e o acesso ao mercado (t=2,476, p<005) contribuíram significativamente para as necessidades de informação relacionadas com o mercado. Isto implica que a dimensão da exploração, o rendimento anual e o acesso ao mercado aumentam as necessidades de informação relacionadas com o mercado. Por conseguinte, verifica-se que os inquiridos têm maiores necessidades de informação relacionadas com o mercado.

5.3 CONCLUSÃO

O arroz é a principal cultura alimentar de base e o principal fator de segurança alimentar da população rural. É cultivado principalmente por pequenos agricultores em explorações com menos de um hectare. O arroz é também um produto de base salarial para os trabalhadores envolvidos na produção de culturas de rendimento ou em sectores não agrícolas. O arroz paddy fornece uma nutrição vital a grande parte da população de Bengala Ocidental, bem como de Odisha, Chhattisgarh, Tripura, Assam, etc. É fundamental para a segurança alimentar de mais de metade da população mundial. Os países em desenvolvimento são responsáveis por 95% da produção total, dos quais a China e a Índia são responsáveis por quase metade da produção mundial. Os serviços de informação foram considerados importantes na cultura do arroz, o que constitui um dos factores mais importantes para aumentar a produtividade dos produtores de arroz. Verificou-se que os serviços de informação nos países desenvolvidos passaram por um processo de evolução do modelo de transferência de tecnologia para o serviço baseado predominantemente nas necessidades dos agricultores. Essencialmente, os serviços de informação actuam como uma ponte entre os cientistas, que se esforçam por resolver problemas na prática da agricultura através da investigação, e os agricultores que precisam das soluções. Os serviços de informação permitem aos agricultores adotar inovações, melhorar a produção e proteger o ambiente. A informação tem efeitos positivos no conhecimento, na adoção e na produtividade das culturas, com taxas de retorno da informação muito elevadas (13-50%); é uma forma rentável de melhorar a produtividade e o rendimento dos agricultores, o que significa que, algures no mundo (países tecnicamente avançados), este arroz insignificante está a ser utilizado para produzir. Além disso, é mais do que tempo de perceber a importância da nossa rica diversidade de arroz e a sua importância na era da elevação económica e agir de forma sensata, dando a devida atenção ao aumento do conhecimento tecnológico, enviando os indivíduos promissores mesmo para países estrangeiros para se destacarem na arte da hibridação. Por outro lado, sente-se também a extrema necessidade de improvisar as nossas estratégias em função das necessidades dos agricultores.

5.4 Implicações e recomendações

À luz dos resultados do estudo e das observações do próprio investigador ao entrevistar pessoalmente os inquiridos, são feitas as seguintes implicações para a identificação adequada das fontes de informação utilizadas por eles, o grau de utilização das várias fontes de informação por eles e as suas necessidades de informação relativamente à cultura do arroz.

▶ A maioria dos inquiridos pertence ao nível elevado de adoção de práticas melhoradas de Paddy. Isto indica que existe uma grande margem de manobra para o departamento competente intervir e melhorar o nível de adoção dos produtores de arroz relativamente às práticas melhoradas recomendadas.

▶ No que diz respeito às práticas importantes de cultivo do Paddy, como o controlo de pragas e doenças, a falta de conhecimento na plantação, a falta de formação e as doses de adubos e fertilizantes, são os principais constrangimentos enfrentados pelos produtores de Paddy e, comparativamente, a adoção destas práticas é baixa. A informação sobre estas práticas deve ser fornecida por uma fonte credível, como os cientistas que trabalham no Paddy ou os especialistas na matéria, que têm mais conhecimentos sobre o cultivo através de métodos de extensão poderosos, como formação, dias de campo e visitas guiadas.

▶ O estudo indicou assim que, embora o arroz seja amplamente cultivado por muitos produtores na área de estudo, os seus conhecimentos científicos e a sua adoção científica apresentam lacunas. Uma das melhores formas de ultrapassar esta situação é utilizar vigorosamente os conhecimentos científicos do Krishi Vigyan Kendra para realizar formações regulares fora do campus para os produtores de arroz, o que ajuda a colmatar esta lacuna. Assim, os departamentos devem dar grande ênfase às abordagens de extensão.

▶ O arroz é uma cultura de alto valor e exige informações mais precisas sobre as práticas de cultivo do arroz. Assim, devem ser tomadas medidas para fornecer materiais impressos para complementar a informação, uma vez que a maioria dos produtores de arroz tem formação e vai utilizar a informação em grande medida. Isto requer a necessidade de organizar actividades educativas intensivas, tais como formação, demonstração, seminário, dias de campo e visitas de campo a explorações agrícolas bem sucedidas para fornecer informações sobre tecnologias não praticadas/parcialmente praticadas por eles.

▶ A procura de bons materiais de plantação está a aumentar. Por conseguinte, a produção de material de plantação de qualidade e o seu fornecimento a um preço razoável assumem maior importância.

▶ A ausência de infra-estruturas de armazenamento para o transporte e a venda de arroz paddy afectou a qualidade do arroz paddy, resultando em rendimentos mais baixos para os produtores de arroz paddy. As infra-estruturas necessárias para estes fins poderiam ser criadas através da formação de uma associação de produtores viável que, por sua vez, poderia mobilizar os recursos necessários do Centro Nacional de Investigação sobre o Paddy e do Governo do Estado.

▶ A promoção da classificação, embalagem e armazenagem científicas, através do desenvolvimento de infra-estruturas adequadas, é essencial para um crescimento sustentado das culturas de arroz na indústria.

5.5 Sugestão para o estudo futuro

Não se pode fazer uma generalização mais alargada, uma vez que o presente estudo se limitou ao bloco de Chhatna do distrito de Bankura, no estado de Bengala Ocidental. Isto pode ajudar a descobrir as necessidades específicas dos produtores de arroz. Com base nisto, os responsáveis pelo planeamento e os decisores políticos poderiam desenvolver estratégias de extensão adequadas. Do mesmo modo, poderia ser planeado um estudo para avaliar várias necessidades de informação relacionadas com diferentes aspectos agrícolas do arroz em diferentes categorias de produtores de arroz. Isto permitirá identificar um grupo-alvo específico com necessidades mais elevadas e desenvolver uma estratégia de extensão adequada para satisfazer as necessidades destes produtores específicos.

CAPÍTULO-6
BIBLIOGRAFIA

Achigbue Edwin I & Anie Sylvester O, ICTs and Information Needs of Rural Female Farmers in Delta State, Nigeria; Library Philosophy and Practice 2011

Akanda A.K.M. & Roknuzzaman Md. (2012), Agricultural Information Literacy of Farmers in the Northern Region of Bangladesh, Recuperado de www.iiste.org/Journals/index.php/IKM/article/download/.../2663

Angadi, S. C., (1999), A study on knowledge, adoption and marketing pattern of pomegranate growers in Bagalkot district in Karnataka State. Tese de Mestrado (Agri.), Universidade de Ciências Agrícolas, Dharwad.

Babanna, T., (2001), Fonte de informação, consultoria e necessidades de formação dos agricultores no cultivo de arecanut na área de comando de Tungabhadra no distrito de Shimoga. Tese de Mestrado (Agri.), Universidade de Ciências Agrícolas, Bangalore.

Badhe, D. K. (2009). Um estudo sobre a adoção das tecnologias de produção recomendadas para a produção de brinjal pelos produtores de brinjal no distrito de Anand, no estado de Gujarat. Tese de Mestrado (Agri.) (não publicada), A.A.U., Anand.

Baite, D.J., (2010), A study on adoption of pineapple cultivation practices by the tribal farmers of Churachandpur District, Manipur. Tese de Mestrado (Agri) não publicada, Universidade Central de Agricultura, Imphal, Manipur.

Barakade A.J. e Lokhande T. N., 2011, International Referred Research Journal, março, ISSN- 0974-2832,RNI-RAJBIL2009/29954, VoL.II *ISSUE- 26
comportamentos: Estudo de caso emTamil Nadu, Índia,Recuperar de http://ageconsearch.umn.edu/handle/126226

Benard Ronald; Frankwell Dulle e Ngalapa Honesta (2014) "Avaliação das necessidades de informação dos produtores de arroz na Tanzânia; um estudo de caso do distrito de Kilombero, Morogoro". Library Philosophy and Practice (revista eletrónica). Paper 1071. pp: 1-22. http://digitalcommons.unl.edu/libphilprac/1071

Biswajit Lahiri1 e Siddharthe D. Mukhopadhyay (2012) Content Analysis of Farm Information Communicated Through Selected Radio Programme, Indian Res. J. Ext. Edu. 12 (1), pp: 29-35

Choudhary, R.P., Singh, P. e Mishra, B. 2001. Correlates of adoption of improved rice production technology. Indian Journal of Extension Education. 37(3&4): 200-201.

Chowdhury S. e Ray P. 2010. Nível de conhecimento e adoção das técnicas de gestão integrada das pragas (GIP) entre os produtores de produtos hortícolas da subdivisão de Katwa.

Deshpande, P.V., (1996), A Study on innovation-decision process and adoption of sunflower technology. Tese, M.Sc. (Agri), M.A.U., Pradhan (MS), Índia.

Gadge e Lawande, (2012), Crop damage due to climate change: A major constraint in onion farming, Indian Research Journal of Extension Education, Special Issue (Volume II), pp: 38-41.

J. M. Menong et al. (2013) Departamento de Economia Agrícola e Extensão, Universidade do Noroeste, Campus de Mafikeng, África do Sul J Hum Ecol, 44(2): 139-147.

K. C. Gummagolmath, (2013), Research report- Trends in Marketing and Export of Onion in India, National Institute of Agricultural Marketing (NIAM) Jaipur Rajasthan, pp: 5-11.

Karpagam, C., (2000), A study on knowledge and adoption behavior of turmeric growers in Erode district of Tamil Nadu state. Tese de Mestrado (Agri), Universidade de Ciências Agrícolas, Dharwad.

Kees Stigter et al.,(2014) Italian Journal of Agrometeorology - 2/2014, pp:51- 60, Meeting farmers' needs for agrometeorological services:A review with case studies.

Krishnamurthy, B., Narayan, M. L., Laxminarayan, M.T. e Manjunath, B. N., (1998), Characteristics of adopters and non-adopters of weedicides in paddy. Journal of Extension Education, 9 (2): 2039-2040.

L. Shanta Meitei e Th. Purnima Devi. Farmers information Needs in Rural Manipur: an assessment (Necessidades de informação dos agricultores na zona rural de Manipur: uma avaliação). Annals of Library and information studies, 2009, 56(2), 35-40

Lanjewar, O. Y. 2009. Atitude dos agricultores em relação à adoção da tecnologia de produção de repolho recomendada com referência ao uso do sistema de irrigação por gotejamento em Durg e Raipur distrito de Chhattisgarh. Tese de Mestrado (Ag.) não publicada, IGKV, Raipur (C.G.).

Leckie, G.L., (1993b), Female farmers in Canada and the Gender relations of a restricting agricultural system. The Canadian Geography, 37(3), 212- 229.

Makwan, A. R. (2005). Necessidade de informação e restrições de comercialização dos produtores de banana. M.sc. (Agri.), Tese (Não publicada), GAU, AAU, Anand.

Mate,P. S.(2005). Estudo do conhecimento sobre a adoção das práticas recomendadas para o cultivo da batata pelos agricultores de Pune M.Sc. (Agri.), Tese (Não publicada), M.P.K.V., Rahuri.

Meera, S. N., Jhamtani, A. e Rao, D. (2003). A analysis of agricultural information communication technology project in India: implication to the Agricultural extension system. Workshop nacional sobre TIC na agricultura e desenvolvimento rural DA-11 CT, Gandhinagar, 18-19 de dezembro de 2003

Instituto Nacional de Comercialização Agrícola (2013): Tendências na comercialização e exportação de cebola na Índia, relatório de pesquisa Jaipur, Rajasthan

Pandey, Poonam e Trikha R.N., (1990), Effectiveness of home science extension folders as perceived by rural women. Indian journal of Extension education. V01.XXVI, Nos.1&2, pp.114-118.

Parmar, N. R. (2014). Sensibilização abrangente entre os agricultores sobre a aplicação de biofertilizantes no distrito de Anand. M.Sc. (Agri.),Tese (Não publicada), A.A.U., Anand.

Patel, B. D. (2005). Um estudo sobre a adoção da tecnologia recomendada para a malagueta no distrito de Vadodara, no estado de Gujarat. Tese de Mestrado (Agri.) (não publicada), A.A.U, Anand.

Patel, D. D. (2004). Necessidades de informação dos produtores de algodão. M.Sc. (Agri.), Tese (Não publicada), GAU, Anand.

Patel, M. C. (2007). Construção de uma escala para medir a orientação científica e a orientação para o risco, 4.º subcomité de ciências sociais da Agresco, Universidade de Agricultura de Anand, Anand.

Patil N Anagouda e A. H. Rajasab, (2012), Constraints Experienced by Onion Growers from Gulbarga District of Karnataka, India, International Journal of Extesion Education Vol 8, pp. 48-50: 48-50.

Pawar, S. P., Sawant, P. A. e Nirban, A. J. (2001). Agriculture information needs of neo-literate farmers from sindhudurg district. Maha. J. Extn. Edu. Vol. XX, pp: 53-55.

Pravin C. Gedam e R.N. Padaria, (2014), Information Needs of Orange Growers of Maharashtra, Inadian Research Journal of Extension Education, 14 (1), pp: 99-101.

Raju, D. J. e Reddy, K J. (2003). Agricultural information management behaviour of farmers. Extn. Res. Review, pp : 144-152.

Rathwa S. D. (2013). Necessidades de informação dos produtores de tomate tribais de
Roy, B.L., (1981), Comportamento de comunicação dos pequenos agricultores que recebem informações sobre o uso de doses equilibradas de fertilizantes para o cultivo transplantado de um homem na área do projeto Agri. University project area. Tese de Mestrado (Ag.Ext.Ed.), Universidade Agrícola do Bangladesh, Mymensingh.

S.S. Gadge e K.E. Lawande (2012) Crop Damage Due to Climatic Change: A Major Constraint in Onion Farming, Indian Research Journal of Extension Education, Special Issue Vol. 2, pp: 38-41

Saikia,A and Tripathi,S.N., (1986), A study of effect of T& V system on contact and non-contact farmers of Hajai Nowgong District (Assam) M.Sc.(Agri.) Thesis, Deptt. of Agricultural Extension CSAUA & T, Kanpur.

Santra, S. K. Shantanu Kar (2002), Socio-economic and psychological characteristics of vegetable growers and adoption of winter vegetables. Environment and Ecology; 20: 1, 185-

187. 12

Saravan R, Raja P & Tayeng Sheela; Information input pattern and information need of Tribal Farmers in Arnuchal Pradesh, Indian Journal of Extension Education, 2009, 45 (1&2), 51-54

Sarkar, V. S., (1995), A study of knowledge, fertilizer use pattern and constraints in the cultivation of soybean, by farmers of Nagpur district, Maharashtra. Tese de doutoramento, Universidade de Ciências Agrícolas, Dharwad.

Sharma Gayatri (2008). Um estudo sobre a adoção de tecnologia melhorada pelos produtores de papaia no distrito de Anand, no estado de Gujarat. Tese de Mestrado (Agri.) (não publicada), A.A.U., campus de Anand, Anand.

Sharma, D.K., (1992), Farm woman's participation in agricultural activities in

Madhya-Pradesh, Rural India, 55(3):74-77.
Shitre, V. R. (2010). Estudo sobre a adoção da tecnologia de produção recomendada de batata pelos produtores de batata no distrito de Anand, no estado de Gujarat. Tese de Mestrado (Agri) (não publicada), A.A.U., Anand.

Suresh Chandra Babu et. al (2011) Farmers' information needs and search
Tologbonse D; Fashola O. & Obadiah M., Policy Issues in Meeting Rice Farmers Agricultural Information Needs in Niger State, Journal of Agricultural Extension, 2008 , 12(2), 84-94.

distrito de vadodara M.Sc (Agri.), Tese (Não publicada), A.A.U., campus de Anand, Anand.

Vedamurthy, H.J., (2002), A study on the management of areca gardens and marketing pattern preferred by the arecanut farmers of Shimoga district in Karnataka M.Sc.(Agri.) Thesis, Univ. Agri. Sci. Dharwad.

William D. Et al.,(1985), sociological needs of farmers Facing severe economic problem, University of Missouri, pp: 90-102.

APÊNDICES

APÊNDICE-I

**DEPARTAMENTO DE EXTENSÃO AGRÍCOLA, PALLI SIKSHA BHAVAN,
(INSTITUTO DE AGRICULTURA) VISVA-BHARATI,
SRINIKETAN, BENGALA OCIDENTAL, 2017
TÍTULO: UM ESTUDO SOBRE AS NECESSIDADES DE INFORMAÇÃO DOS
PRODUTORES DE ARROZ NO DISTRITO DE BANKURA, EM BENGALA
OCIDENTAL
CALENDÁRIO DE ENTREVISTAS**

PARTE-1

A. Informações gerais:

1. Nome do agricultor:

2. Nome do pai:

3. Aldeia:

4. Gram-panchayat:

5. Bloco:

6. Distância até à cidade mais próxima:[] Km OU [] horas de caminhada 7: Idade (em anos):
8. Género:

9. a) Reliagion:

b) Casta:

10. Estado civil:

11. Nível de instrução: analfabeto (1)

Sabe ler e escrever (2) Primário (3)
Secundário (4)

Acima (5)

12. Ocupação principal do agregado familiar:A. Apenas agricultura

B. Agricultura e produção de leite

C. Agricultura e artesanato

D. Outros

63

13. Tamanho da família: N.º de membros da família: Masculino Feminino

14. Sistema de exploração agrícola:

15. Experiência agrícola geral (anos):

16. Experiência de cultivo de arroz (anos):

17. Participação social:

Participação social	SIM(2)	NÃO(1)
Membro de uma sociedade cooperativa		
Membro do panchayat		
Membro de uma organização política ou outra		
Não é membro de nenhuma organização		

18. Dimensão da exploração:

Tipo	Área total (em ac.)

19. Tamanho do efetivo: A. Vaca:

B. Búfalo:

C. Outros:

20. Máquinas e equipamentos agrícolas:

Máquinas agrícolas	Próprio(2)	Contratado(1)
1. trator		
2.Carrinho		
3. ceifeira-debulhadora		
4. debulhador		

21. Rendimento anual/acre de arroz:

22. Rendimento anual do arroz:

23. Acesso ao mercado: A) SIM (2) B) NÃO (1)

24. Acesso ao crédito: A) SIM (2) B) NÃO (1)

PARTE-2

B. Fontes de informação utilizadas pelos agricultores:

Sl. Não.	Fontes de informação utilizadas pelos agricultores	SIM(2)	NÃO(1)
1.	Exposição nos meios de comunicação social		
(A)	T.V.		
(B)	Rádio		
(C)	Jornal de notícias		
(D)	Internet		
(E)	Correio eletrónico-a)pessoal		
	b)organizacional		
(F)	Telemóvel		
(G)	Feira/Exposição agrícola		
(H)	Publicação de extensão		
(I)	Folheto e panfleto		
(J)	Programas de extensão		
(K)	Formação em extensão		
2.	Cosmopolita		
(A)	Extensionista		
(B)	SMS		
(C)	Responsável pela extensão do círculo		
(D)	Subdivisão/Bloco AO0		
(E)	Qualquer outro pessoal de Block/Agri.Deppt.		
(F)	Perito universitário em agricultura		
(G)	ONG		
(H)	Fornecedor de entradas		
(I)	Cooperativa		
(J)	Responsável distrital pela horticultura		
3.	Localidade		
(A)	Líder da aldeia		
(B)	Gram pradhan		
(C)	Professor da aldeia		
(D)	Panchayat		
(E)	Amigos/Relacionados/Vizinhos		
(F)	Agricultores experientes e progressistas		

PARTE 3

C. preferência por fontes de informação:

Sl. Não.	Fontes de informação utilizadas pelos agricultores	A maioria frequentemente (4)	Frequentemente(3)	Por vezes (2)	Nunca(1)
1.	Exposição nos meios de comunicação social				
(A)	T.V.				
(B)	Rádio				
(C)	Jornal de notícias				
(D)	Internet				
(E)	Correio eletrónico- a)pessoal				
	b)organizacional				
(F)	Telemóvel				
(G)	Feira agrícola/Exposição				
(H)	Publicação de extensão				
(I)	Folheto e panfleto				
(J)	Programas de extensão				
(K)	Formação em extensão				
2.	Cosmopolita				
(A)	Extensionista				
(B)	SMS				
(C)	Responsável pela extensão do círculo				
(D)	Subdivisão/Bloco AO0				
(E)	Qualquer outro pessoal de Block/Agri.Deppt.				
(F)	Universidade agrícola especialista				
(G)	ONG				
(H)	Fornecedor de entradas				
(I)	Cooperativa				
(J)	Responsável distrital pela horticultura				
3.	Localidade				
(A)	Líder da aldeia				
(B)	Gram pradhan				
(C)	Professor da aldeia				
(D)	Panchayat				
(E)	Amigos/Relacionados/Neighbo urs				
(F)	Experiente/Progressivo agricultores				

PARTE 4

D-Necessidades de informação sobre o arroz expressas pelos agricultores

Sl. Não.	Necessidades de informação	Mais frequentemente (4)	Muitas vezes(3)	Por vezes(2)	Nunca(1)
1.	Relacionado com a entrada				
(A)	Sementes e variedades				
(B)	Transplantação de plântulas				
(C)	Fertilizante				
(D)	Pesticidas				
(E)	Equipamento				
(F)	Empresas de factores de produção agrícola				
2.	Relacionado com a produção				
(A)	Fertilidade do solo				
(B)	Tempo e clima				
(C)	Época correcta de sementeira e transplante				
(D)	Aplicação de FYM				
(E)	Preparação do terreno				
(F)	Tratamento de sementes				
(G)	Espaçamento				
(H)	Irrigação				
(I)	Transplantação de plântulas				
(J)	Aplicação de fertilizantes				
(K)	Gestão de pragas e doenças				
(L)	Tillering				
(M)	Colheita				
(N)	Gestão pós-colheita				
(O)	Debulha e armazenagem				
3.	Relacionado com o mercado				
(A)	Armazém				
(B)	Conhecimento científico da classificação e embalagem				
(C)	Disponibilidade no mercado				
(D)	Oferta e procura no mercado				
(E)	Informações sobre o mercado				
(F)	Preço de mercado				
(G)	Exportação e transporte				

PARTE 5

E. Constrangimentos enfrentados pelos agricultores:

Dê preferência aos seguintes problemas relacionados com a cultura do arroz, em função da sua ocorrência.

Sl.no.		Mais frequentemente (4)	Frequentemente(3)	Por vezes(2)	Nunca(1)
1.	Condicionalismos económicos				
(A)	Custo elevado dos factores de produção				
(B)	Falta de disponibilidade atempada de fundos para a aquisição de factores de produção				
(C)	Falta de um preço remunerador adequado para resultado				
(D)	Falta de marketing adequado instalações				
(E)	Indisponibilidade de seguro quando o arroz a produção falhou				
(F)	Lucro reduzido devido a doença				
(G)	Lucro reduzido devido à erva daninha				
(H)	Lucro reduzido devido a roedor				
(I)	Lucro reduzido devido a pragas				
2.	Limitações tecnológicas				
(A)	Falta de conhecimentos sobre a plantação de arroz				
(B)	Falta de variedades melhoradas de arroz				
(C)	Disponibilidade atempada de azoto				
(D)	Indisponibilidade de azoto em quantidade suficiente				
(E)	Falta de instalações de armazenamento				
(F)	Falta de gestão contabilística				
(G)	Falta de conhecimentos sobre a IPM/INM				

3.	Restrições relacionadas extensão				
(A)	Analfabetismo				
(B)	Disponibilidade de sementes na altura				
C)	Falta de conhecimento sobre tecnologias recentes				
(D)	Falta de tempo				
(E)	Falta de sensibilização para programas de extensão				
(F)	Falta de interesse pela formação				
(G)	Falta de um local adequado para actividades de extensão				
(H)	Falta de incentivos				
(I)	Aproximação ao extensionista				
(J)	Falta de comunicação instalações à porta dos agricultores				
(K)	Falta de mecanismos de transmissão de informações relacionadas com a cultura do arroz para extensionista				
(L)	Conhecimento inadequado de extensionista				
(M)	A visita do extensionista/cientista e dos VLWs não é regular				
(N)	Falta de serviço de informação				
(O)	Informações não actuais ou demasiado antigas				
(P)	Demonstração inadequada de novas tecnologias				

DATA:
INVESTIGADOR:

Printed by Books on Demand GmbH, Norderstedt / Germany